APRENDIZAGEM EM GEOMETRIA NA EDUCAÇÃO BÁSICA

A FOTOGRAFIA E A ESCRITA NA SALA DE AULA

COLEÇÃO TENDÊNCIAS EM EDUCAÇÃO MATEMÁTICA

APRENDIZAGEM EM GEOMETRIA NA EDUCAÇÃO BÁSICA

A FOTOGRAFIA E A ESCRITA NA SALA DE AULA

Cleane Aparecida dos Santos
Adair Mendes Nacarato

2ª edição
1ª reimpressão

autêntica

COORDENADOR DA COLEÇÃO TENDÊNCIAS EM EDUCAÇÃO MATEMÁTICA
Marcelo de Carvalho Borba
gpimem@rc.unesp.br

CONSELHO EDITORIAL
Airton Carrião/Coltec-UFMG; Arthur Powell/Rutgers University; Marcelo Borba/UNESP; Ubiratan D'Ambrosio/UNIBAN/USP/UNESP; Maria da Conceição Fonseca/UFMG.

EDITORAS RESPONSÁVEIS
Rejane Dias
Cecília Martins

REVISÃO
Roberta Martins

CAPA
Diogo Droschi

DIAGRAMAÇÃO
Guilherme Fagundes

Dados Internacionais de Catalogação na Publicação (CIP)
(Câmara Brasileira do Livro, SP, Brasil)

Santos, Cleane Aparecida dos

Aprendizagem em geometria na educação básica : a fotografia e a escrita na sala de aula / Cleane Aparecida dos Santos, Adair Mendes Nacarato. -- 2. ed.; 1. reimp. -- Belo Horizonte : Autêntica, 2023. -- (Coleção Tendências em Educação Matemática)

Bibliografia

ISBN 978-85-513-0742-7

1. Ensino fundamental 2. Fotografia na educação 3. Geometria - Estudo e ensino 4. Matemática - Estudo e ensino 5. Matemática - Formação de professores I. Nacarato, Adair Mendes. II. Borba, Marcelo de Carvalho. III. Título IV. Série.

19-31554 CDD-510.7

Índices para catálogo sistemático:
1. Educação matemática para ensino fundamental 510.7

Maria Alice Ferreira - Bibliotecária - CRB-8/7964

Belo Horizonte
Rua Carlos Turner, 420
Silveira . 31140-520
Belo Horizonte . MG
Tel.: (55 31) 3465 4500

São Paulo
Av. Paulista, 2.073,
Horsa I Sala 309 . Bela Vista
01311-940 . São Paulo . SP
Tel.: (55 11) 3034-4468

www.grupoautentica.com.br
SAC: atendimentoleitor@grupoautentica.com.br

Nota do coordenador

A produção em Educação Matemática cresceu consideravelmente nas últimas duas décadas. Foram teses, dissertações, artigos e livros publicados. Esta coleção surgiu em 2001 com a proposta de apresentar, em cada livro, uma síntese de partes desse imenso trabalho feito por pesquisadores e professores. Ao apresentar uma tendência, pensa-se em um conjunto de reflexões sobre um dado problema. Tendência não é moda, e sim resposta a um dado problema. Esta coleção está em constante desenvolvimento, da mesma forma que a sociedade em geral, e a escola em particular, também está. São dezenas de títulos voltados para o estudante de graduação, especialização, mestrado e doutorado acadêmico e profissional, que podem ser encontrados em diversas bibliotecas.

A coleção Tendências em Educação Matemática é voltada para futuros professores e para profissionais da área que buscam, de diversas formas, refletir sobre essa modalidade denominada Educação Matemática, a qual está embasada no princípio de que todos podem produzir Matemática nas suas diferentes expressões. A coleção busca também apresentar tópicos em Matemática que tiveram desenvolvimentos substanciais nas últimas décadas e que podem se transformar em novas tendências curriculares dos ensinos fundamental, médio e superior. Esta coleção é escrita por pesquisadores em Educação Matemática e em outras áreas da Matemática, com larga experiência docente, que pretendem estreitar as interações entre a Universidade – que produz pesquisa – e os diversos cenários em que se realiza essa educação. Em alguns livros, professores da educação básica se tornaram também autores. Cada livro indica uma extensa bibliografia na qual o leitor poderá buscar um aprofundamento em certas tendências em Educação Matemática.

Neste livro, o leitor encontra situações de sala de aula em que uma professora do 5º ano de escola pública inova sua metodologia para ensinar Geometria. Utilizando-se de uma máquina fotográfica, os alunos registraram diferentes espaços dentro e fora da escola para explorar os conceitos de espaço e forma. As situações aqui narradas evidenciam como fotografar e escrever são ações que possibilitam que os alunos produzam sentidos para alguns conceitos geométricos do currículo escolar. Cleane Aparecida dos Santos e Adair Mendes Nacarato, enquanto pesquisadoras, refletem sobre a prática de ensinar Geometria e o movimento de elaboração conceitual dos alunos. Este livro, portanto, apresenta esta reflexão.

*Marcelo de Carvalho Borba**

---

* Marcelo de Carvalho Borba é licenciado em Matemática pela UFRJ, mestre em Educação Matemática pela Unesp (Rio Claro, SP) doutor, nessa mesma área pela Cornell University (Estados Unidos) e livre-docente pela Unesp. Atualmente, é professor do Programa de Pós-Graduação em Educação Matemática da Unesp (PPGEM), coordenador do Grupo de Pesquisa em Informática, Outras Mídias e Educação Matemática (GPIMEM) e desenvolve pesquisas em Educação Matemática, metodologia de pesquisa qualitativa e tecnologias de informação e comunicação. Já ministrou palestras em 15 países, tendo publicado diversos artigos e participado da comissão editorial de vários periódicos no Brasil e no exterior. É editor associado do ZDM (Berlim, Alemanha) e pesquisador 1A do CNPq, além de coordenador da Área de Ensino da CAPES (2018-2022).

Sumário

Introdução

Quais as razões que nos mobilizaram para a escrita deste livro? Podemos dizer que são várias. Vamos destacar algumas: o fato de narrarmos sobre uma experiência vivida no chão da escola com uma turma de 5º ano do ensino fundamental e buscar por uma prática diferenciada para o ensino de Geometria; a familiaridade de uma das autoras com o uso de fotografias; e a experiência da outra com pesquisas no campo da Geometria.

Durante dois anos pudemos discutir o ensino dessa disciplina e buscar por tarefas que fossem instigantes para os alunos, de forma a mobilizá-los para a aprendizagem de suas noções básicas. Nossas reflexões foram além do tempo acadêmico, principalmente em função da retomada do material para a produção do presente livro.

Nos nossos estudos identificamos muitas lacunas em termos de materiais de apoio para o professor que deseja ensinar Geometria em sala de aula. Nos processos formativos, conforme anunciado por Fonseca *et al.* (2001), os professores relatam sobre as dificuldades com o trabalho em Geometria. Uma busca em bancos de dissertações e teses nos permite constatar o quanto esse campo de investigação vem crescendo no Brasil. A pesquisa de Andrade (2004) já evidenciava esse crescimento; além disso, com a ampliação dos programas de pós-graduação em Educação e em Ensino de Ciências e Matemática, muitas pesquisas foram produzidas nos últimos nove anos. No entanto, essas pesquisas têm gerado poucos materiais para o professor da escola básica.

Diferentes trabalhos já apontaram o quanto o professor que atua nos anos iniciais traz lacunas conceituais em Matemática e, em especial, em Geometria. Pesquisas como as de Curi (2005) e Gatti e Barreto (2009) retratam o perfil dos cursos de Pedagogia no Brasil, os quais formam os professores para atuarem na educação infantil e nos anos iniciais do ensino fundamental, e revelam a pouca atenção que é dada à formação específica no campo da Matemática. Sabemos que apenas um curso de Fundamentos e Metodologia do Ensino de Matemática – que existe na maioria dos cursos de Pedagogia – não é suficiente para um trabalho mais conceitual com os futuros professores, pois, geralmente, essa disciplina acaba centrando-se nos conteúdos do sistema de numeração decimal e nas quatro operações. Além disso, muitos desses cursos nem trazem conteúdos de Geometria nas suas ementas.

As lacunas conceituais nesse campo também já foram discutidas por Nacarato (2000), Passos (2000) e Nacarato e Passos (2003), que apontaram a importância de que a formação continuada supra as necessidades dos professores no que diz respeito à produção de materiais de apoio; a sugestões de tarefas para a sala de aula; e, principalmente, ao acompanhamento dos docentes em suas primeiras experiências no ensino de Geometria.

Não acreditamos, porém, que esta esteja totalmente ausente das salas de aula, visto que muitos de seus conteúdos têm sido cobrados nas avaliações externas (no âmbito federal, estadual ou municipal). No entanto, não sabemos como tais conteúdos têm sido abordados e o quanto eles têm contribuído para o desenvolvimento do pensamento geométrico dos alunos.

De todo modo, é certa a necessidade de que essas deficiências sejam eliminadas, e algumas ações despontam: vislumbramos algumas alternativas de formação continuada para que esse campo do conhecimento seja mais acessível aos professores – também conhecidos como polivalentes – que ensinam Matemática nos anos iniciais. Uma delas é sinalizada pela própria realização desta pesquisa: o professor da escola básica busca um mestrado para investigar questões importantes para o exercício de sua profissão. Ao realizar a pesquisa, esse professor não adquire, simplesmente, um saber do conteúdo: o movimento que vivencia entre a escola e a academia, nas trocas com os alunos e com os pares acadêmicos, vai lhe possibilitando a apropriação de um repertório de saberes para campos específicos do conhecimento matemático. Uma pesquisa de mestrado ou doutorado que toma a própria prática como objeto de investigação constitui um espaço interessante de formação continuada.

Outra circunstância também promissora é o pertencimento a grupos de estudos e pesquisas nos quais se realiza um trabalho de natureza colaborativa, partindo das necessidades dos professores. O fato de pertencermos ao Grucomat (Grupo Colaborativo em Matemática), da Universidade São Francisco – Itatiba/SP, nos dá essa certeza. Um dos trabalhos desenvolvidos pelo grupo (Nacarato; Gomes; Grando, 2008) traz indícios das aprendizagens coletivas no campo da Geometria.

Uma terceira particularidade refere-se à formação continuada centrada na própria escola, na qual os professores tomam um campo específico da Matemática como objeto de estudo. As pesquisas de Nacarato (2000) e Marquesin (2007) apontam as potencialidades desses grupos no interior da escola, quando o foco de estudos se centra na Geometria.

O acesso a esses trabalhos nos deu a certeza de que ainda há muito por fazer no que diz respeito ao ensino nos anos iniciais. Em todos eles há evidências do envolvimento dos alunos para a aprendizagem da Geometria. Assim, ao iniciarmos a pesquisa, já trazíamos a convicção de que o trabalho que desenvolveríamos em sala de aula seria mobilizador para os alunos, em virtude do encantamento provocado pela máquina fotográfica – já experienciado por uma de nós no próprio percurso acadêmico –, pela inovação no contexto da sala de aula e pelo próprio movimento crescente da tecnologia. Destacamos que todo o processo vivido tanto na escola como na academia foram impulsionados por motivação e curiosidade sustentadas pela busca incessante por conhecimento e pelas reflexões. Ao término da pesquisa, ao identificarmos o quanto as tarefas em sala de aula tinham sido ricas para os alunos, decidimos que elas precisariam ser compartilhadas com outros professores. Assim nasceu o desejo de produção deste livro.

Nele, tivemos o cuidado de selecionar aquelas atividades que, ao utilizarem a fotografia e a escrita como ferramentas, revelaram-se potencializadoras do movimento de elaboração conceitual em sala de aula. Apresentadas de forma contextualizada, as tarefas revelam as interações entre os alunos, entre eles e a professora-pesquisadora, e as ações mediadas por esta ao longo do trabalho.

Como defendemos que o saber profissional precisa se apoiar em fundamentos teóricos, epistemológicos e metodológicos do saber escolar, trazemos não apenas o contexto da pesquisa, mas também os princípios que nos nortearam tanto na elaboração das propostas quanto na sua análise.

Buscamos, na organização dos capítulos, apresentar elementos que possam contribuir tanto para o campo da pesquisa quanto para as práticas pedagógicas dos professores que ensinam Matemática nos anos iniciais do ensino fundamental.

Considerando que a pesquisa toma a fotografia como seu principal recurso; que seu foco e objeto é o espaço escolar; e que o olho que move a lente é o do aluno, iniciamos apresentando um breve histórico sobre o ensino de Geometria no Brasil e o desenvolvimento do pensamento geométrico.

Capítulo I

Uma breve trajetória sobre o ensino da Geometria e o pensamento geométrico

Acreditamos que tomar como ponto de referência o espaço euclidiano em nossa pesquisa significa estarmos sustentadas em um estudo que foi consolidado há séculos e que tem sido tomado como referência nos currículos escolares. Estabelecendo uma analogia com uma edificação, o espaço euclidiano é o alicerce do nosso trabalho, ou seja, um elemento propulsor para as nossas reflexões.

Vamos, inicialmente, situar a origem do nome *euclidiano*. Ele derivou de Euclides, estudioso da Academia de Platão, que produziu uma extensa obra, tendo como sustentação os axiomas e o método dedutivo. Sua obra maior, *Os elementos*, representou a primeira axiomatização da história da Matemática. Em 2009, essa obra ganhou uma tradução de Irineu Bicudo. No prefácio do livro, o autor assim dialoga com o leitor:

> Previno, por fim, a quem possa interessar, que é preciso fôlego para acompanhar muitíssimas das demonstrações que aqui se encontram, e determinação. Garanto, no entanto, que, vencida a inércia, ultrapassado o obstáculo, alcançado o objetivo com a compreensão do resultado, cabe a recompensa de ter mergulhado no próprio processo do que denominamos "pensar" e de haver podido apreendê-lo em toda a sua abrangência. Mais: brotará disso a convicção de que, se com Homero a língua grega alcançou a *perfeição*, atinge com Euclides a *precisão*. E o *método formular*,

> que consiste em usar um conjunto de frases fixas que cobrem muitas ideias e situações comuns, poderoso auxílio à memória em um tempo de cultura e de ensino eminentemente orais, serve para aproximar o geômetra do poeta e então mostrar que perfeição e precisão podem ser faces da mesma medalha (Euclides, p. 13, grifos do autor).

Apesar da abstração, o modelo euclidiano tornou-se uma referência tanto no campo da ciência como no do ensino. Para Ponte *et al.* (1997), a geometria euclidiana tinha como sustentação uma verdade, ou seja, não era passível de questionamento. Tal credibilidade se deve à consistência do seu método dedutivo, com os axiomas, os postulados e os teoremas. Ela tornou-se referência como um modelo teórico e, consequentemente, um paradigma tanto para a Matemática quanto para outras ciências. Nas escolas, o modelo euclidiano também foi muito utilizado. Aliás, grande parte dos conhecimentos que temos está pautada nele.

O ensino de Geometria no Brasil passou por várias fases. Sabemos que, até 1960, ele se baseava nos estudos de Euclides. Entre 1970 e 1980, recebeu a influência do Movimento da Matemática Moderna, em que o ensino tinha ênfase principalmente na linguagem, dificultando a compreensão dos conceitos. Os docentes também encontravam dificuldades para ensinar os conteúdos e, associados a toda essa complexidade, os livros didáticos existentes naquela época traziam os conteúdos geométricos nos capítulos finais. Isso, de certa forma, contribuiu para que o ensino desse conteúdo se tornasse bastante insatisfatório, provocando o seu abandono pela escola.

Outro fator importante é que esse ensino foi considerado – embora não de forma unânime nos meios acadêmicos, principalmente entre os educadores matemáticos – irrelevante para a formação intelectual do aluno, o que contribuiu para uma lacuna em seus conhecimentos matemáticos. Mesmo antes do Movimento da Matemática Moderna já havia certo abandono da Geometria, principalmente no trabalho docente com as camadas populares. Pavanello (1993) destaca que foram inúmeros os fatores que colaboraram para que esse ensino se tornasse bastante deficitário. Certamente, não poderíamos deixar de mencionar que o Brasil, por ser essencialmente agrícola no início do século XX, e ainda ter grande parte da população analfabeta, proporcionou para essa camada da população um ensino de Matemática basicamente utilitarista: prevalecia o estudo de técnicas operatórias em Aritmética, e o ensino de Geometria praticamente não existia – limitava-se ao estudo da geometria métrica, cálculo de áreas e volumes.

Outra questão importante refere-se à didática utilizada nessas aulas, muitas vezes centrada num ensino reducionista, em que predominava o ensino das figuras[1] planas – principalmente a nomeação dessas figuras –, que eram explicitadas pelos alunos e se tornavam jargões geométricos na sala de aula (Pavanello, 2004). Para essa autora, os livros didáticos, e consequentemente os professores que os utilizavam, acabavam enfatizando a classificação de figuras, não dando aos alunos a possibilidade de explorar semelhanças e diferenças entre elas.

Muitos professores, por também não terem tido maior contato com a Geometria, desconhecem a importância da construção do pensamento geométrico para o próprio conhecimento matemático das pessoas. Veloso (1999, p. 20) destaca:

> Assim, o que é corrente encontrar, nos manuais e na prática dos professores, é a geometria como "ilustração" ou a geometria como "pretexto", mas raramente questões matemáticas onde existam verdadeiras conexões entre a geometria e outras áreas da matemática, que permitam iluminar essas questões a partir de diferentes perspectivas.

Nesse sentido, o pouco contato dos professores com o conteúdo geométrico propiciou que a sua prática também se tornasse deficitária, e isso vem, de certa forma, se arrastando até os dias atuais. Mesmo com mudanças no livro didático, o professor ainda se sente inseguro para ensinar Geometria, o que evidencia que os dois termos do binômio aprender-ensinar estão intimamente interligados, ou seja, só temos condições de ensinar aquilo que conhecemos.

As constatações sobre essas questões relacionadas ao ensino dessa área de conhecimento mobilizaram-nos para esta pesquisa e,

---

[1] Neste texto, sempre que nos referirmos a figuras, entenda-se "figuras geométricas".

depois da sua conclusão, o desejo de compartilharmos com os professores o processo vivido com os alunos.

O desenvolvimento do pensamento geométrico

Iniciamos nossas reflexões com as ideias de Van de Walle (2009, p. 439): "Nem todas as pessoas pensam sobre as ideias geométricas da mesma maneira. Certamente, nós não somos todos iguais, mas somos todos capazes de crescer e desenvolver nossa habilidade de pensar e raciocinar em contextos geométricos".

O nosso foco neste trabalho está nas duas dimensões do pensamento geométrico: as noções espaciais (incluindo as topológicas) e as noções de forma (incluindo a geometria plana e a espacial). Isso, de certa forma, rompe com o modelo euclidiano, em que se partia dos conceitos simples para os complexos, ou seja, trabalhavam-se as figuras planas e, posteriormente, as figuras espaciais. As novas tendências no ensino de Geometria, conforme Andrade (2004), apontam para um trabalho simultâneo entre a geometria plana e a espacial, pois essa abordagem possibilita para os alunos, principalmente em início de escolarização, maior enriquecimento na elaboração dos conceitos geométricos. Concordamos com Fonseca *et al.* (2001) que o objetivo principal do ensino de Geometria nas séries iniciais é compreender a importância da percepção, que está diretamente relacionada com a tridimensionalidade do espaço que nos cerca.

Muitos alunos chegam ao final do ensino fundamental I sem ter essa noção do espaço tridimensional, como evidenciado no desenho do aluno Kauan,[2] da turma em que realizamos a pesquisa. Em seu desenho ele busca colocar pontos de referência de um trajeto, mas sem noção de profundidade, sem aproximações com os objetos reais.

---

[2] Os nomes dos alunos são fictícios. Informamos também que optamos por manter na íntegra os escritos originais dos alunos, portanto, não realizamos a correção ortográfica e gramatical. Esse desenho será reapresentado em outro momento, para ilustrar outro aspecto do pensamento geométrico.

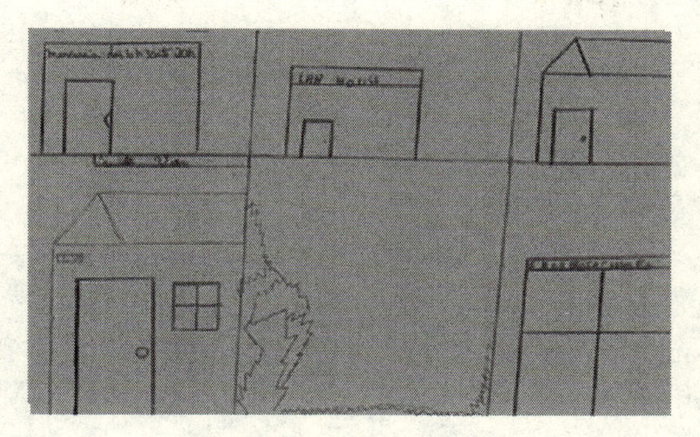

Figura 1 – Desenho do aluno Kauan (Santos, 2011)

No cenário brasileiro, principalmente nas décadas de 1980 e 1990, as discussões sobre a aquisição das noções espaciais pela criança centraram-se nos estudos piagetianos. Mesmo conhecedoras da importância desse referencial para as pesquisas em Geometria e o quanto ele influenciou o cenário brasileiro, essa não foi a nossa opção teórica.

Defendemos que uma instrução adequada, pautada na problematização/indagação, mediada pedagogicamente, com o uso apropriado da linguagem e de materiais didáticos, possibilitará que a aprendizagem promova o desenvolvimento tal como postulado pela teoria vigotskiana. Nessa abordagem teórica a aprendizagem antecede o desenvolvimento. Isso nos mostra a importância de práticas pedagógicas que possibilitem aprendizagens dos alunos.

Uma instrução apropriada para o desenvolvimento do pensamento geométrico não pode prescindir do uso de recursos didáticos. Nesse sentido, o que propicia aumentar o nível de conhecimento sobre um sólido geométrico e as figuras planas que o compõem e estabelecer algumas propriedades está diretamente relacionado com a diversidade de materiais que o professor pode disponibilizar em sala de aula para o aluno manipular, desenhar e visualizar e, sobretudo, formar uma imagem mental sobre o objeto a ser estudado.

Pais (2000, p. 2-3) destaca que os materiais devem exercer o papel de ferramentas, ou seja, de elementos de mediação para a elaboração conceitual:

> Os recursos didáticos envolvem uma diversidade de elementos utilizados como suporte experimental na organização do processo de ensino e de aprendizagem. Sua finalidade é servir de interface mediadora para facilitar na relação entre professor, alunos e o conhecimento em um momento preciso da elaboração do saber.

Para esse autor, no desenvolvimento do pensamento geométrico, quatro elementos inter-relacionam-se: o objeto, o conceito, o desenho e a imagem mental. Pais (1996) aborda a importância de disponibilizar o objeto, pois este apresenta um enfoque concreto, ou seja, os modelos estarão disponíveis aos alunos, e o conceito será construído mediante a manipulação. O autor destaca que não se trata de uma mera manipulação vista como lúdica, mas pautada em interrogações e análises do objeto. Daí o papel da ação mediada do professor.

Foto 1 – Alunos manipulando objetos geométricos (Santos, 2011)

O desenho é um recurso didático importante; no entanto, no ensino de geometria espacial, o desafio é maior, pois muitos alunos possuem dificuldade para desenhar em perspectiva. Daí a importância de um trabalho simultâneo com a manipulação de objetos tridimensionais e a sua representação por desenhos, no plano bidimensional.

Pesquisas têm revelado que os alunos, mesmo quando são desafiados a desenhar as figuras planas, em um primeiro momento apresentam-nas em apenas uma posição, definida pelos pesquisadores como figura prototípica. Esse tipo de representação dos alunos sugere que eles possuem uma imagem mental reducionista

Foto 2 – Desenho de poliedros (Santos, 2011)

dos objetos geométricos. Em relação à figura prototípica, Nacarato e Passos (2003, p. 108) comentam: "O objeto protótipo ou figura prototípica ou estereotipada, sem dúvida, tem sido considerado como um dos grandes obstáculos – tanto didático como epistemológico – para o ensino e a aprendizagem da Geometria".

Finalmente, Pais (1996) faz referências à imagem mental que pode ser consolidada, à medida que os alunos conseguem descrever as propriedades de uma determinada figura, na ausência dela.

Ilustramos as ideias apresentadas com algumas imagens. Nas primeiras, é possível perceber as tentativas dos alunos de romper com as formas prototípicas: há triângulos e paralelogramos (retângulos e quadrados) na posição não estereotipada.

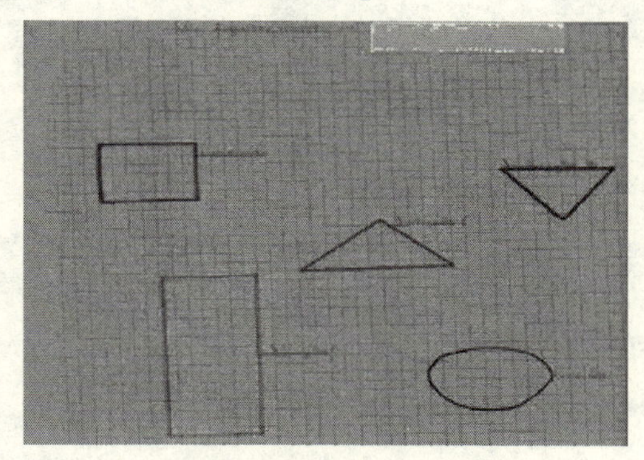

Figura 2 – Desenho de polígonos (Santos, 2011)

Figura 3 – Desenho de polígonos (Santos, 2011)

Em nossas práticas temos buscado colocar os alunos em contextos nos quais eles possam manipular alguns materiais didáticos – como o tangram, o geoplano, o uso de malhas, quebra-cabeças, construção de mosaicos, dentre outros – que contribuem para a ruptura com o modelo prototípico. Por exemplo, quando um aluno, dispondo das seguintes peças em EVA,

Figura 4 – Modelos de peças em EVA

constrói a figura a seguir, ele já está rompendo com a posição prototípica dessas formas e, possivelmente, ampliando seu repertório de imagens mentais.

Figura 5 – Figura construída com peças de EVA

Os quatro elementos – objeto, desenho, imagem mental e conceito – estão intimamente relacionados aos três processos analisados por Gonseth (1945 *apud* Pais, 1996): o intuitivo, o experimental e o teórico. A intuição é uma característica inerente às pessoas, ou seja, um conhecimento tido como inicial; no entanto, não menos importante. O experimental precisa ser compreendido não sob uma perspectiva empirista, mas sim de modo que a manipulação de objetos geométricos possibilite o estabelecimento de relações, a compreensão das propriedades, os contextos de investigação, a percepção de semelhanças e diferenças, entre outros aspectos. Daí o papel fundamental da instrução e do professor nas intervenções. O aspecto teórico está diretamente relacionado com o conhecimento que o aluno tem sobre determinado objeto. Nesse sentido, os três processos explicitados possibilitam que o aluno desenvolva o pensamento geométrico.

Bishop (1993 *apud* Nacarato, 2002) considera a Geometria como a "Matemática do espaço". Isso, de certa forma, implica que os professores podem, por meio de ações pedagógicas em sala de aula, oportunizar aos seus alunos a interpretação do espaço. São essas ações mediadas que vão possibilitar o movimento de elaboração conceitual, que é permeado pelos processos de significação.

Nos processos de significação, há que se considerar a distinção feita por Vygotsky e analisada por Góes e Cruz (2006, p. 36 e 38) entre significado e sentido. Segundo elas, o significado pode ser:

> [...] caracterizado como "unidade de análise" da relação entre o pensamento e a linguagem. O significado pertence às esferas tanto do pensamento quanto da linguagem, pois se o pensamento se vincula à palavra e nela se encarna, a palavra só existe sustentada pelo pensamento.
> O autor [Vygotsky] define o significado da palavra como uma generalização, que reflete a realidade num processo diferente daquele que envolve o sensorial e o perceptual, que prenderiam o homem às condições situacionais imediatas. Por isso, a generalização é concebida como fundamento e a essência da palavra.

No que diz respeito ao sentido, as autoras apontam:

> O sentido é tematizado por Vygotsky principalmente para estabelecer distinções e relações entre a linguagem interna e externa, as características funcionais e estruturais da fala para o outro e para si.

> Nessa discussão salienta a significação da palavra no contexto de seu uso e nas condições de interação dos falantes.
> As palavras não podem ser consideradas fora de seu acontecimento concreto, pois a variação dos contextos de ocorrência faz com que os sentidos sejam ilimitados e, de certa forma, mostrem-se sempre inacabados.

Dada a indissociabilidade entre significado e sentido, optaremos pelo uso de significações, entendendo-as nessa relação com a linguagem e o pensamento.

O movimento de elaboração conceitual pelos alunos pode se dar a partir de tarefas propostas pelo professor, considerando o tempo de aprendizado de cada um. Os significados e os sentidos circulam pelas diferentes esferas de comunicação na sala de aula. As tarefas e as intervenções adequadas no processo de instrução possibilitam que os alunos avancem, portanto, são potencializadoras dos processos de significação.

Nesse sentido, o objetivo do ensino de Geometria é possibilitar que os alunos elaborem conceitos nesse campo do saber. Como destacado por Pais (1996), o conceito tem dimensões abstratas e é constituído no movimento da experimentação e da intuição. Para chegar a essa abstração, a ação pedagógica é fundamental.

No processo de elaboração conceitual, não há como desconsiderar a interdependência entre os conceitos espontâneos e os conceitos científicos, tal como considera a teoria vigotskiana. Os conceitos espontâneos estão relacionados aos que as crianças adquirem no seu cotidiano por meio de suas experiências, já os conceitos científicos são elaborados no âmbito escolar e ambos estão interligados, ou seja:

> Embora os conceitos científicos e espontâneos se desenvolvam em direções opostas, os dois processos estão intimamente relacionados. É preciso que o desenvolvimento de um conceito espontâneo tenha alcançado um certo nível para que a criança possa observar um conceito científico correlato (Oliveira, 1992, p. 32).

A escola tem como meta o ensino e a aprendizagem dos conceitos científicos. Para isso, os alunos precisam ser mobilizados a realizar as tarefas elaboradas, num ambiente de interações e mediações do professor.

Ao analisarmos esse movimento de elaboração conceitual, destacamos a importância do trabalho do professor em sala de aula. Ele precisa ser o mediador nesse processo. Assim, ele passa a desempenhar papel fundamental na aprendizagem de seus alunos. Os conceitos científicos podem ser apropriados por meio de uma relação estabelecida entre o professor e o aluno e os alunos entre si, de modo que significações vão sendo produzidas e, com o avanço da escolaridade, os conceitos vão adquirindo níveis mais elevados de generalidade.

Ao discutirmos a apropriação dos conceitos científicos, não podemos deixar de mencionar a importância de atuar na zona de desenvolvimento proximal[3] dos alunos, pois não é possível a eles percorrer esse caminho sozinhos, sem a intervenção de um adulto mais experiente, no caso, o professor. Para Góes e Cruz (2006, p. 33):

> No início do desenvolvimento da elaboração conceitual, a palavra da criança possui apenas uma função nominativa, designativa, que implica a referência objetiva. Semanticamente, o significado possibilita a remissão a objetos, independentemente de um funcionamento categorial, em que os significados têm alto nível de generalidade. Esta independência é fundamental para a imersão da criança nas interações verbais, já que o acordo entre criança e adulto sobre o referente da palavra garante a possibilidade de compreensão mútua, apesar das diferenças de formas de significação dos sujeitos.

Tal perspectiva teórica sinaliza para a importância de um trabalho com o vocabulário geométrico adequado desde o início da escolarização. Por exemplo, o professor e os alunos podem se comunicar sobre o objeto paralelepípedo, mesmo estando em níveis de generalidade diferentes do conceito de prisma. À medida que a escolarização avança, a criança vai atingindo níveis mais generalizados desse conceito, conseguindo pensar abstratamente sobre ele, com todas as suas propriedades e características, sem precisar ter o objeto na sua presença.

---

[3] Conceito elaborado por Lev Vygotsky, que define a distância entre o nível de desenvolvimento real, determinado pela capacidade de resolver um problema sem ajuda, e o nível de desenvolvimento potencial, determinado através de resolução de um problema sob a mediação de um adulto ou em colaboração com outro companheiro.

O texto a seguir evidencia o quanto o aluno pode se apropriar do vocabulário geométrico com significação. O aluno descreve o quadrado e seus elementos e avalia o quanto suas percepções se modificaram após a instrução. Considerando a qualidade da imagem, optamos por transcrever o texto do aluno.

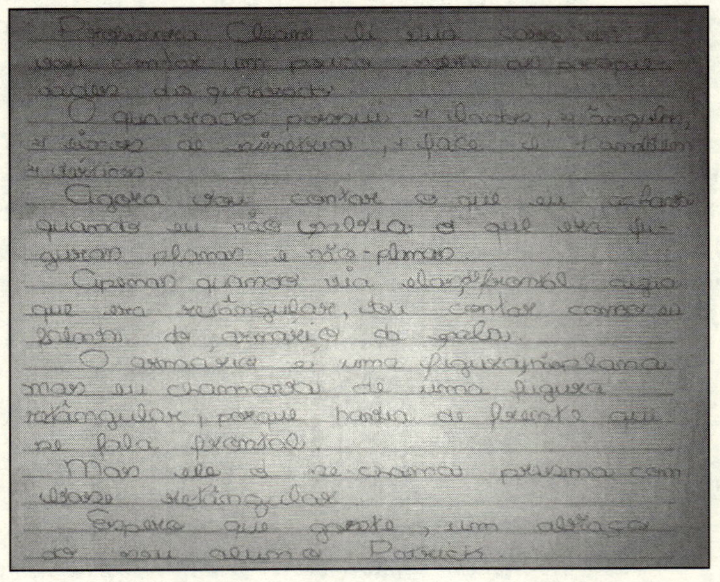

Figura 6 – Carta de Patrick à professora Cleane (Santos, 2011)

> Professora Cleane li sua carta e vou contar um pouco sobre as propriedades do quadrado.
> O quadrado possui 4 lados, 4 ângulos, 4 eixos de simetria, 1 face e também 4 vértices.
> Agora vou contar o que eu colocava quando não sabia o que era figura plana e não-plana.
> Apenas quando via ela, de frontal dizia que era retangular, vou contar como eu falava do armário da sala.
> O armário é uma figura não plana mas eu chamava de uma figura retangular, porque de frente que se fala frontal.
> Mas ele se chama prisma com base retangular.
> Espero que goste, um abraço do seu aluno Patrick.

Os conceitos geométricos são de natureza figural, na perspectiva defendida por Fischbein (1993 *apud* Nacarato; Passos, 2003). Ou seja, o conceito geométrico é dado tanto pela sua definição quanto pela sua imagem. Para Nacarato e Passos (2003, p. 64): "O conceito figural é também um significado com uma particularidade, o que quer dizer que se trata de um tipo de significado que inclui figura como uma propriedade intrínseca".

Há, ainda, que considerar que todo conceito tem uma origem histórica e social, ou seja:

> O conceito tem uma origem social e sua formação envolve antes a relação com os outros, passando posteriormente a ser de domínio da própria criança. Primeiro, a criança é guiada pela palavra do outro e, depois, ela própria utiliza as palavras para orientar o seu pensamento (Góes; Cruz, 2006, p. 33).

No caso do aluno, a escolarização precisa levar em consideração os conhecimentos que ele traz de suas práticas sociais, ou seja, o processo de elaboração conceitual requer que os estudos partam dos conceitos espontâneos que os alunos já trazem consigo. A ampliação ou a ressignificação desses conceitos possibilitará a formação do pensamento geométrico.

Dessa forma, uma prática pedagógica voltada aos processos de significação matemática não pode prescindir da compreensão de como o aluno desenvolve o pensamento matemático e, no caso deste trabalho, o pensamento geométrico. Isso requer que o professor, além de conhecer os aspectos conceituais e epistemológicos presentes nesse pensamento, crie em sala de aula um ambiente propício à circulação de significações.

Os processos de comunicação de ideias na sala de aula são fundamentais, uma vez que os discursos que circulam é que possibilitarão a apropriação da linguagem geométrica. Essa linguagem, associada às atividades experimentais, é que possibilitará a formação do pensamento geométrico. Cabe ao professor a criação desse ambiente propício à aprendizagem.

Ali, o aluno precisa ser inserido em tarefas significativas pautadas na experimentação, nos questionamentos/diálogos, nas reflexões e nas escritas, que possibilitam que os elementos centrais do pensamento geométrico – experimentação, intuição e teoria – sejam trabalhados indissociavelmente, favorecendo, assim, a aquisição dos conceitos figurais, e atingindo níveis de generalidade cada vez maiores.

Além desses aspectos, a forma como o trabalho deve ser estimulado em sala de aula – preferencialmente em grupos e com ações mediadas pelo professor – é que possibilita ao aluno sair do desenvolvimento real em que se encontra para alcançar o desenvolvimento próximo; ou seja, é preciso que as práticas de sala de aula atuem na zona de desenvolvimento proximal (ZDP) dos alunos. A aprendizagem precisa potencializar o desenvolvimento deles.

Na dinâmica interativa, as narrativas orais ou escritas são centrais para que o professor acompanhe o movimento de elaboração conceitual de seus alunos.

Acreditamos ser indissociável a relação que precisa ser estabelecida entre o professor e o aluno no processo de elaboração conceitual. Reiteramos que essa relação deve ser pautada num ambiente de aprendizagem baseado no diálogo, nas interações e nas ações mediadas.

Nesse ambiente, a experimentação – não como uma mera manipulação de objetos – ocupa papel central. É na exploração de objetos reais, mediada pela problematização, que os alunos vão se apropriando dos conceitos geométricos, do vocabulário, das propriedades dos objetos, das semelhanças, das diferenças entre eles e das diferentes inclusões de classes. Enfim, vão se apropriando dos significados dos conceitos geométricos.

Assim, potencializar o desenvolvimento do pensamento geométrico nos alunos implica, necessariamente, que o professor tenha uma fundamentação conceitual e epistemológica da Geometria, associada a uma prática reflexiva e problematizadora.

Capítulo II

A primeira fotografia: tecendo imagens com os atores da escola pautados num ambiente que rompe com o paradigma do exercício

A escola em que desenvolvemos o trabalho está localizada na cidade de Jundiaí, no estado de São Paulo, e é vinculada à rede municipal de ensino desde 1996, quando houve o processo de municipalização. Quando inaugurada, foi gerida pela Secretaria Estadual de Educação, que a considerava pertencente à zona rural – muito provavelmente pelo fato de estar rodeada por uma imensa área verde e possuir, nas cercanias, um número bem reduzido de residências.

A área construída é composta por dois prédios. O prédio 1 conta, na parte superior, com cinco salas de aula; secretaria; sala dos professores; diretoria; cozinha para os professores; sanitários dos professores; e um sanitário para portadores de necessidades especiais. Na parte inferior, há um pátio, uma cozinha acoplada ao depósito da merenda e sanitários feminino e masculino para os alunos. O prédio 2, construído posteriormente para atender à demanda, tem, na entrada, uma sala de coordenação, que dá acesso a outras cinco salas de aula; a sala de informática;[4] e sanitários feminino e

[4] Neste local, os alunos contam com vários recursos tecnológicos: *classmates*, lousa digital, *datashow* e acesso à internet.

masculino para os alunos. Na área externa, a escola possui uma horta, uma quadra e uma casa para zelador.

Em 2009, a escola passou por uma ampla reforma em alguns espaços, especialmente na cobertura da quadra, fato que se fez presente nas imagens produzidas pelos alunos, como mostra a foto do aluno Maycon.

Foto 3 – Fotografia produzida pelo aluno Maycon

Ela atende, no ensino fundamental, a cerca de 600 alunos, do 1º ao 5º ano, com idade entre 6 e 10 anos, que frequentam a instituição por cinco horas diárias. A escola possui dois períodos de funcionamento: manhã e tarde.

Essa descrição pretendeu introduzir ao leitor o espaço fotografado pelos alunos, para que possa nele se situar.

Os alunos

A pesquisa foi realizada no ano letivo 2009, com uma turma de 5º ano (antiga 4ª série), na qual a primeira autora deste trabalho atuava como professora e como pesquisadora.

No geral, esses alunos não possuem amplo acesso aos meios de comunicação, especialmente às tecnologias digitais. Isso pode ser percebido por suas falas e também por questionários que são respondidos na escola, em virtude de mapeamentos feitos pela direção e pelos órgãos públicos, como as avaliações externas (Prova Brasil e Saresp).[5]

A classe tinha 34 alunos com idade média de nove anos, em sua maioria muito participativos em sala de aula. Em alguns momentos, observavam-se pequenos conflitos entre eles; isso ocorria, muito provavelmente, pela necessidade de expressar seus sentimentos, fazer escolhas, discernir o que é bom do que é ruim, estabelecer as regras de convívio, entre outros fatores.

O nível socioeconômico dos alunos era diversificado. Muitos deles participavam do programa do governo federal "Bolsa Família"; um terço possuía boas condições financeiras e aproximadamente dois terços conviviam com algum problema de caráter social e/ou econômico.

Ficou evidenciado, por meio dos depoimentos de alguns alunos em sala de aula e das fichas informativas preenchidas durante a matrícula, que a maioria deles não possuía uma família nuclear, pois muitos residiam apenas com parentes.

Para nós, todo esse contexto se configurava como motivador para a realização de um trabalho em sala de aula que propiciasse a esses alunos o acesso a um equipamento tecnológico: a máquina fotográfica. Para isso, elegemos o trabalho com a Geometria, visando atender às exigências curriculares para se trabalhar com esse conteúdo.

Situando o trabalho em sala de aula

O trabalho teve como ponto de partida o registro fotográfico dos espaços escolares, e o conteúdo selecionado foi o estudo dos sólidos geométricos (poliedros e corpos redondos), das figuras planas e dos

[5] Prova Brasil é um instrumento de avaliação elaborado pelo governo federal. Saresp é um instrumento de avaliação elaborado pelo governo do estado de São Paulo. Ambos têm como objetivo avaliar o desempenho do aluno e constituem, de certa forma, mecanismos de controle do trabalho do professor.

mapas e croquis. A professora-pesquisadora disponibilizou a sua máquina digital para o trabalho dos alunos.

A dinâmica das aulas consistiu em, inicialmente, orientá-los para a proposta de trabalho, a fim de que, em seguida, pudessem, em grupos, um por vez, sair a campo com a câmera e fotografar livremente os espaços escolares. Numa etapa posterior, deveriam identificar, nesses espaços, elementos que possibilitassem estabelecer uma relação com a Geometria.

Durante a saída de cada grupo para a realização das fotografias, a professora-pesquisadora permanecia em sala de aula com o restante dos alunos, que geralmente se envolviam em atividades com Geometria; realizavam pequenas revisões sobre os textos produzidos; liam textos de outros grupos; ou, ainda, realizavam as propostas complementares existentes no livro didático utilizado em sala.

Dessa forma, a professora aproveitava esses momentos para fazer as devolutivas, ou seja, orientar e problematizar os trabalhos já realizados pelos grupos que permaneciam em sala.

As fotos produzidas pelos alunos eram armazenadas em uma pasta no computador da professora-pesquisadora, que as imprimia em casa para serem levadas para a sala de aula, com vistas às discussões com os respectivos grupos.

Havia o combinado com os alunos de que a Geometria seria trabalhada num dia fixo da semana. No entanto, nas sessões de produção das fotos, trabalhávamos em dias consecutivos para não interromper as atividades previstas nem deixarmos os alunos ansiosos até a semana seguinte.

Aliado ao registro fotográfico, havia o registro escrito – a linguagem escrita foi um instrumento muito utilizado nas aulas de Geometria. Assim, os alunos produziram, inicialmente, um texto, justificando a escolha da foto. Outros gêneros textuais também foram utilizados durante as aulas: relatos das tarefas, bilhetes, textos narrativos e cartas.

Para cada semana de trabalho, o grupo elegia um escriba para registrar as atividades, em caráter também de revezamento, mas houve dias em que recebemos dois e até três relatórios idênticos, pois os outros alunos que faziam parte do grupo também desejavam escrever.

Por meio desses registros escritos, foi possível estabelecer um processo dinâmico, em que a professora-pesquisadora realizava as leituras e, em seguida, dava uma devolutiva para os grupos e/ou aluno; e, concomitantemente a esse processo, os alunos também apresentavam suas devolutivas para a professora.

O trabalho em grupo

Um ambiente de sala de aula que promova o diálogo e as interações entre os alunos não pode prescindir do trabalho em grupo, pois este oportuniza a comunicação de suas ideias, estabelecendo um espaço de interação e de trocas entre eles. Concordamos com Van de Walle (2009, p. 49):

> O pensamento reflexivo e, consequentemente, a aprendizagem, são enriquecidos quando o estudante se compromete e se envolve com os outros explorando, todos juntos, as mesmas ideias. Os estudantes "habitam" salas de aula. Uma atmosfera interativa e reflexiva em sala de aula pode fornecer algumas das melhores oportunidades para aprendizagem.

O desenvolvimento de tarefas no trabalho em grupo pode fomentar o encorajamento, o respeito e a troca de ideias entre todos os alunos. Assim, a sala de aula torna-se um ambiente de interações em que se estabelece a confiança entre os envolvidos nesse processo. Ressaltamos que, nessa interação, os pontos de vista dos alunos podem ser muito diferentes, em virtude, principalmente, dos saberes que cada um possui. Ao discutir as interações durante as tarefas, Carvalho (2005, p. 17) argumenta:

> Quando dois alunos se empenham activamente num confronto socio-cognitivo com o objetivo de desenvolver uma tarefa na sala de aula, estão presentes diferentes argumentos e pontos de vista, ou seja, o traço cognitivo do conflito. Contudo, além desse traço cognitivo, o sujeito tem igualmente de conseguir gerir o traço social da interacção, fundamental num contexto colaborativo, expresso no comportamento do outro e nas interpretações que faz acerca desse mesmo comportamento,

> havendo, por isso, a necessidade de gerir uma relação interpessoal ao mesmo tempo que se negoceiam abordagens e estratégias de resoluções diferentes.

Num ambiente de interações, os erros cometidos, tanto pelo grupo quanto individualmente, já não são mais vistos como um fator negativo e de frustrações pelos alunos. Portanto, o erro, ao ser identificado na sala de aula durante uma socialização de tarefas, em que já se estabeleceu um clima de confiabilidade, pode ser interpretado como algo positivo, pois propicia um momento de aprendizagem para todos. Assim, colocado em discussão pela classe, o erro promove novas perspectivas sobre o pensar e o fazer matemático.

Nesse movimento em que a confiança se estabelece, não temos como dissociar o processo de colaboração que provavelmente se constitui entre os pares. A colaboração na realização das tarefas oportuniza que os alunos exponham as ideias e que essas possam contribuir para a aprendizagem.

Na execução de tarefas, o trabalho em grupo propicia a interação com os próprios alunos e com o professor, e essa interação pode ser um facilitador para a aprendizagem, pois tanto o professor como o aluno podem cooperar no processo, promovendo o desenvolvimento dos envolvidos.

Não é qualquer tipo de interação entre os pares nem de mediação docente que leva à aprendizagem. O professor, ciente disso, pode, intencionalmente, propiciar um ambiente rico de interações.

Além disso, o trabalho em grupo nas aulas possibilita estreitar as relações entre os alunos, compreender que todos são capazes de fazer matemática dentro de suas potencialidades e ainda permitir-lhes refletir sobre as ideias que são colocadas em discussão.

A criação de um ambiente para o ensino de Geometria

Discutimos aqui a constituição do ambiente para o ensino de Geometria, utilizando a máquina fotográfica como ferramenta e, consequentemente, o registro fotográfico produzido pelos alunos, bem como os registros escritos que propiciaram o movimento de elaboração conceitual. Em relação à fotografia, Kossoy (2001, p. 153) aponta:

> A imagem fotográfica informa sobre o mundo e a vida, porém em sua expressão e estética próprias. "Existe um pensamento plástico, como existe um pensamento matemático ou um pensamento político, e é essa forma de pensamento que até hoje foi mal-estudada" [*sic*], dizia Francastel décadas atrás; e a colocação continua válida hoje.

As imagens produzidas foram tecidas e guiadas pela linguagem e pela escrita nas aulas de Matemática. Para Andrade (2002, p. 52): "A imagem comunga com o texto para nos fazer melhor compreender e elaborar uma análise desses significados".

O trabalho com a fotografia deve sempre levar em conta o porquê de ter sido produzida e quem a produziu, ou seja, é necessário ter pistas suficientes para poder contextualizar as imagens. Nesse momento, pouco importa a qualidade técnica da foto, por não se tratar de uma aula ou curso de fotografia.

A fotografia é uma linguagem com a qual podemos tecer um texto sobre o mundo. Apoiando-nos em Jean Keim (1971 *apud* Kossoy, 2001, p. 79):

> Se a foto julga-se um documento e quer ser apresentada como tal, as informações escritas são de primordial importância. Esta verdade elementar é frequentemente esquecida pelos que consideram que a fotografia basta-se em si mesma. Portanto, tais informações são indispensáveis em todos os casos, seja quando a imagem é utilizada em um trabalho de pesquisa, seja para fins educativos, seja para denunciar uma situação a título de informação.

A compreensão do movimento de elaboração conceitual geométrica requer que se explicite o contexto de sala de aula no qual o trabalho se desenvolveu, destacando quais elementos foram fundamentais para tal elaboração.

O ambiente que rompe com o paradigma do exercício

Constituir um ambiente que seja, ao mesmo tempo, prazeroso e movido pelo desejo dos alunos de aprender é um desafio para qualquer professor em sala de aula. Parece importante adotar, para isso, uma conduta que se contraponha à cultura de aula de Matemática apontada, por pesquisadores como Alrø e Skovsmose (2010, p. 52), como responsável pelo papel submisso do aluno ao professor no processo de ensino: predomina o "paradigma do exercício", com ênfase nas listas de exercícios de fixação; as aulas são expositivas; o professor é tido como legítimo detentor do saber; e o padrão de comunicação entre professor e alunos é pautado no "absolutismo burocrático" – o professor pergunta e o aluno responde; só há um tipo de resposta. Mudar esse paradigma existente e pensar numa outra cultura de aula implica, necessariamente, que "os padrões de comunicação podem mudar e abrir-se para novos tipos de cooperação e para novas formas de aprendizagem" (Alrø; Skovsmose, 2010, p. 58). O ensino pautado na exposição oral, no verbalismo do professor, pouco contribui para a aprendizagem dos alunos.

Sabemos também que o professor na sala de aula tem que lidar com a heterogeneidade, ou seja, nesse ambiente há atores com histórias de vida singulares, com diferentes sentimentos, crenças e saberes matemáticos. Além disso, cada aluno tem o seu "tempo" para aprender, como apontado por Van de Walle (2009, p. 54):

> O conhecimento e a compreensão são singulares para cada aprendiz. A rede de ideias de cada criança é diferente da criança seguinte. Quando fore2m formadas novas ideias, elas serão integradas naquela rede de um modo único. Não devemos tentar tornar todas as crianças cópias umas das outras.

Tais constatações nos mobilizaram, no início da pesquisa, para a criação de um outro ambiente em sala de aula. Para exemplificarmos, apresentamos a primeira tarefa, em que solicitamos que os alunos fotografassem o espaço escolar que mais lhes chamava a atenção.

A aluna Gisele, por exemplo, que escolheu a secretaria da escola para ser fotografada (Foto 4), ao justificar a sua escolha, escreveu: "Nas gavetas estão guardados muitos documentos importantes da escola. São os nossos registros, o comportamento e também outras coisas" (r.a.,[6] 16 abr.).

Foto 4 – Fotografia produzida pela aluna Gisele

O registro da aluna possibilitou-nos refletir sobre o valor atribuído a essa foto por ela produzida e, em especial, sobre o sentido dado ao objeto armário. Destacamos, ao mesmo tempo, que o armário, ao chamar a atenção pelo tamanho e pelo espaço que ocupa na sala, também oculta ou suscita curiosidade sobre o que pode estar guardado em suas gavetas.

A aluna, ao escrever a palavra "comportamento", sugere destacar a importância da disciplina na escola, das normas e regras. Assim, o comportamento é entendido por ela de forma natural e necessária. Ao remeter-se ao termo "comportamento", ela traz subjacente a ideia do termo "disciplina". Há dois significados para este último termo: o primeiro deles está relacionado com a própria história das disciplinas escolares, ou seja, as divisões de conteúdos – ou, melhor exemplificando, o eixo dos saberes. No segundo significado, a disciplina pode ser compreendida como uma forma de manutenção da ordem, voltando-se, portanto, ao eixo do corpo, o que, de certa forma, implica uma regulação dos seus movimentos.

Ainda sobre o registro de Gisele, nós o interpretamos pelo uso da expressão "comportamento". Sua fala "documentos importantes da

[6] A sigla "r.a." significa "registro de aluno".

escola, nossos registros" pode expressar, também, a secretaria como espaço de organização.

Destaca-se aqui a importância da comunicação escrita, pois por meio dela pode-se ter acesso ao pensamento do aluno, conforme Nacarato, Mengali e Passos (2009).

Ao observarmos a foto produzida por Gisele e o seu registro, propusemos para ela a revisitação da secretaria da escola, com a finalidade de ver o que havia guardado nas gavetas dos armários, possibilitando um novo "olhar" para o ensino de Geometria com vistas a romper com o ensino tradicional. Disponibilizamos novamente a máquina fotográfica para que ela produzisse os seus registros. Trazemos alguns deles:

Fotos 5 e 6 – Fotografias produzidas pela aluna Gisele

Tal iniciativa possibilitou à aluna conhecer o que é guardado nas gavetas dos armários da secretaria: os prontuários dos alunos (documentos pessoais, carteira de vacinação, comprovante de endereço e histórico escolar). Ressaltamos a importância do processo de devolutiva da professora-pesquisadora, que, ao ler o registro da aluna, permitiu que esta pudesse satisfazer a sua curiosidade – o que não seria possível se não estivéssemos atentas ao movimento que começamos a constituir em sala de aula e ao processo de reflexão da professora-pesquisadora.

Partimos do pressuposto de que propiciar um ambiente pautado no diálogo, na interação e na aprendizagem dos alunos requer, por parte do professor, repensar essencialmente sobre a sua prática docente, ou seja, pensar, refletir e agir para transformá-la e se transformar e, ainda, compreender como o aluno aprende.

O ambiente a ser criado em sala de aula pelo professor precisa possibilitar que os alunos sejam encorajados a falar e que sejam escutados em suas certezas e incertezas por todos os atores que compõem esse cenário; ou seja, é importante procurar estabelecer uma dinâmica interativa entre o professor e os alunos, corroborando o pensamento de Van de Walle (2009, p. 39): "Quando os estudantes fazem Matemática desse modo diariamente em um ambiente que encoraja o risco e promove a participação, a Matemática se torna um empreendimento excitante".

Um fator que esteve presente neste trabalho foi a mobilização dos alunos – e também da professora-pesquisadora – para a aprendizagem da Geometria. Isso foi potencializado pelo ambiente criado em sala de aula, em que havia, nos alunos e na professora-pesquisadora, desejo, intenção, interesse e vontade de aprender.

Dessa forma, conseguimos criar em sala de aula, tal como defendem Hiebert *et al.* (1997), uma cultura social em que a natureza das tarefas, o trabalho em grupo e as ações mediadas da professora-pesquisadora foram centrais.

O processo de mediação da professora-pesquisadora

Estabelecer em sala de aula uma dinâmica em que os alunos e o professor possam compartilhar as suas ideias é imprescindível. A aprendizagem pode tornar-se produtiva na medida em que se tenha um mediador, ou seja, um professor que promova ações mediadas adequadas. Essa mediação, no entanto, precisa necessariamente se pautar em tarefas desafiadoras para os alunos, trazendo questionamentos com a finalidade de que eles se sintam "incomodados" de alguma forma, fazendo-os pensar sobre as suas ideias matemáticas. Conforme Passos (2009, p. 118),

> [...] uma das formas mais importantes de que o professor dispõe para orientar o discurso na sala de aula é fazer perguntas aos alunos. Questionando-os, o professor pode detectar dificuldades de compreensão de conceitos para ajudá-los a pensar. Entretanto, fazer boas perguntas não é tão simples como parece. Perguntas que suscitam resposta do tipo "sim" ou "não" ou que, na sua formulação, já incluam a própria resposta não ajudam muito o aluno a raciocinar.

A mediação é uma atividade complexa, pois pressupõe que o professor tenha domínio dos conteúdos para fazer boas perguntas, possibilitando aos alunos ampliar os conceitos que estão sendo estudados em sala de aula.

Outro ponto relevante no processo de mediação pelo professor nas aulas de Matemática é a comunicação com os alunos, pois ela estimula nos estudantes a capacidade de pensar matematicamente, rompendo com a crença de que aprender Matemática é privilégio de poucos; e possibilita que o professor crie um ambiente de negociação de significados, permitindo que os alunos expressem as suas ideias, estejam elas certas ou não. Essa flexibilidade propicia que eles construam caminhos para a aprendizagem.

Esse movimento permeou grande parte das tarefas realizadas pelos alunos e ocorreu de forma gradativa. Constatamos que as ideias dos alunos foram sendo modificadas pela realização de tarefas significativas; pelas interações entre a professora-pesquisadora e eles; pelas mediações realizadas em sala de aula; e pelo processo de escrita. Sem dúvida, esse foi um dos pontos relevantes do movimento de elaboração conceitual dos alunos.

A aprendizagem dos alunos se dá num movimento contínuo de significações, passando de movimentos intuitivos para generalizações mais abstratas. Nesse movimento, a palavra ocupa papel central. É por meio dela que a criança vai produzindo significações e avança para níveis mais generalizados do conceito.

A palavra, que no início serve para designar um objeto real para a criança, vai transformando sua significação até atingir um nível conceitual categorial. Por exemplo, no início do trabalho com a Geometria, a criança reconhece o cubo e o nomeia corretamente, sem, no entanto, ter se apropriado do conceito; à medida que ela fica imersa em tarefas nas quais ela manipula os objetos, fala sobre eles, escreve suas características, realiza classificações e reclassificações, ela passa a compreender que o cubo é um objeto geométrico – portanto, de nível abstrato – tridimensional, classificado como poliedro e como prisma. Ela consegue estabelecer relações entre o cubo e outros poliedros, bem como categorizá-lo de forma hierárquica, por meio da inclusão de classes. Esse processo é mediado pela comunicação oral e escrita, portanto, pela palavra.

Propostas de tarefas significativas

Propor trabalhos significativos para os alunos é uma tarefa bastante complexa, na medida em que o professor necessita ter clareza da elaboração e do desenvolvimento das atividades em classe, de forma a trazer sentido para os alunos e possibilitar a circulação de significações. A seleção das tarefas a serem propostas à classe é uma etapa decisiva, que pode colaborar ou não para a aprendizagem dos alunos.

Assim, ao tomarmos a elaboração de tarefas como um dos pontos principais, fazemos referência não apenas à ferramenta que foi disponibilizada aos alunos – a máquina fotográfica –, mas também aos significados e sentidos produzidos por ela.

Ao nos referirmos às ferramentas, estamos assumindo a perspectiva histórico-cultural, segundo a qual o sujeito, a partir das ferramentas que lhe estão disponíveis, as transforma em artefatos ou instrumentos. Para Clot (2006, p. 24, destaques do autor), o sujeito "se apropria das ferramentas se e somente se essas ferramentas responderem aos conflitos travados em sua atividade. Pode-se dizer isso da seguinte forma: eles são apropriados *por ele* se eles são apropriados *para ele*". Para os alunos, a utilização da máquina fotográfica provavelmente produziu sentidos para a observação e a percepção do espaço escolar. Esse espaço, retratado nas imagens registradas, pode possibilitar processos de significações geométricas ou não. Trazemos aqui alguns registros dos alunos sobre o prazer do uso da máquina fotográfica nesse trabalho.

> <u>Carlos:</u> Usamos a câmera foi legal e divertido.
> <u>Claudio:</u> A professora confiou muito em nós, ela emprestou a sua máquina fotográfica para nós fotografarmos. Eu fiquei muito feliz de tirar fotos na escola.
> <u>Érica:</u> Foi a primeira vez em que uso a máquina na escola. Eu acho que eu aprendi mais com essa aula.
> (Registros dos alunos, em 14/10)

Sabemos também que, diante da complexidade do trabalho do professor, propiciar atividades que promovam interesse nem sempre é possível em todos os momentos. Partimos da premissa de que alguns pontos de uma tarefa devem ser considerados importantes para o seu desenvolvimento. Ao elaborá-las, precisa ser levado em consideração o que os alunos já sabem sobre determinado conceito, a fim de que comecem a estabelecer as relações; isso implica ter em conta o nível de desenvolvimento real do aluno.

No caso específico da Geometria, muitas vezes, ao iniciarmos o trabalho em sala de aula, constatamos que o pouco conhecimento que os alunos trazem foi produzido nas suas interações na vida cotidiana sem um caráter conceitual, considerado científico. Assim, o professor exerce papel relevante: ele precisa ser o mediador, para que os alunos possam estabelecer relações entre os novos conceitos com os já adquiridos, de forma a se apropriarem de níveis mais elaborados.

Hiebert *et al.* (1997) propõem três características centrais para uma tarefa. Ela precisa ser problemática para os estudantes, que devem vê-la como uma situação interessante a ser resolvida e que tenha sentido; estar conectada com o que os alunos já sabem; movê-los a pensar matematicamente – no nosso caso, geometricamente. Ou seja, precisa oferecer aos estudantes a oportunidade de refletir sobre as ideias matemáticas.

Nesse sentido, o professor, ao propor boas tarefas, mobiliza os alunos para o confronto de ideias, oportunizando processos de significação: o nível de desenvolvimento já alcançado por um determinado conceito começa a ser modificado e ressignificado pelos alunos, possibilitando, portanto, níveis de generalidade mais avançados. Conforme registros a seguir:

> <u>Lorena:</u> O armário se parece com um prisma retangular, mais antes para mim era apenas um retângulo.
> <u>Paulo:</u> Antes achava que o chapéu de aniversário era um triângulo, agora percebi que não tem nada a ver ele é a representação de um cone.
> (Registro dos alunos, em 29/11)

E a escrita, o que tem a ver com esse ambiente?

Sabemos que a escrita não é um recurso ainda muito utilizado pelos professores, embora algumas iniciativas, como o Seminário de Educação Matemática no interior do "Congresso de Leitura do Brasil" (COLE), de 2003 a 2009; e, mais recentemente, os Seminários de Escritas e Leituras em Educação Matemática (I SELEM, em 2012, na Universidade São Francisco e II SELEM, em 2013, na Universidade Cruzeiro do Sul), tenham contribuído nas questões acerca da leitura e da escrita nas aulas de Matemática (Nacarato; Lopes, 2005; Lopes; Nacarato, 2009; Nacarato; Lopes, 2013).

É importante mencionar que o trabalho com a escrita e a leitura, por possibilitar a comunicação e a troca de ideias em sala de aula, constitui excelente recurso para romper com a cultura de aula de matemática explicitada por Alrø e Skovsmose (2010), como expusemos no início deste capítulo. A comunicação resulta de todos os processos pelos quais os alunos podem expor suas ideias – oralmente ou por escrito – e, via de regra, a oralidade, que é fundamental para os processos de elaboração conceitual, prevalece nas aulas de Matemática. Não obstante, a comunicação escrita é um valioso recurso docente em todas as áreas do conhecimento e, em nosso caso específico, na Matemática.

O trabalho com a escrita não é uma tarefa fácil nem para o professor nem para os alunos: demanda tempo e esforço, pois o professor deve priorizar um retorno dos escritos para os alunos.

Nas primeiras escritas, os alunos podem apresentar dificuldades para expressar as suas ideias matemáticas, já que não estão acostumados com essa prática, mas, à medida que ocorre a intervenção docente, os alunos começam a explicitar cada vez mais os seus conhecimentos e a ampliar sua escrita durante as tarefas. E quanto mais oportunidades os alunos tiverem de escrever, com mais facilidade poderão escrever matematicamente, trazendo as suas hipóteses e elaborando suas conjecturas.

Nesta pesquisa, a linguagem escrita foi uma das ferramentas que os alunos utilizaram para comunicar as suas ideias matemáticas. Para Oliveira (1995, p. 13):

> A escrita, além de ser, em si, um objeto de conhecimento, é um sistema simbólico que tem um papel mediador na relação entre sujeito e objeto de conhecimento e um artefato cultural que funciona como suporte para certas ações psicológicas, isto é, como instrumento que possibilita a ampliação da capacidade humana de registro, transmissão e recuperação de ideias, conceitos, informações. A escrita seria uma espécie de ferramenta externa que estende a possibilidade do ser humano para fora do seu corpo: da mesma forma que ampliamos o alcance do braço com o uso de uma vara, com a escrita ampliamos nossa capacidade de registro, de memória e de comunicação.

O processo de escrita nas aulas de Matemática rompe com o modelo de ensino tradicional de sala de aula. Esse movimento permite que os alunos possam ressignificar as suas escritas, atribuindo-lhes significados. Assim, a escrita dos alunos potencializa a produção de significação, e, à medida que isso ocorre, os significados começam a ser apropriados pelos alunos; e estes assumem a responsabilidade pelo seu próprio processo de aprendizagem, principalmente quando as regras do jogo são claras e eles já sabem de antemão que há um destinatário para as suas escritas – o professor ou outro qualquer.

A escrita também pode ser uma ferramenta para a comunicação entre os alunos e o professor e, ainda, entre os próprios alunos, quando socializada em sala de aula. Nesse sentido, ela pode ser vista como mediadora, ou seja, com ela é possível identificar as concepções dos alunos sobre determinado conteúdo, a forma como pensam sobre determinado assunto, como elaboram seus conceitos e os equívocos que cometem.

No momento da escrita, o aluno necessita organizar as suas ideias para serem colocadas no papel, ou seja, precisa pensar matematicamente, encontrar um vocabulário apropriado e refletir criticamente sobre seu texto. Para Nacarato e Lopes (2009, p. 34), "a ação de escrever permite que ele [o aluno] tenha tempo para pensar, processar seus raciocínios, corrigir, rever o que escreveu e reestruturar sua escrita". Nessa escrita produzida pelo aluno, o professor assume papel fundamental: cabe a ele realizar as mediações adequadas, as quais necessitam estar pautadas em bons questionamentos; propiciar aos alunos avançar na elaboração conceitual; e também sinalizar os enganos cometidos por eles.

Para exemplificarmos esse processo apresentamos os registros e as mediações realizadas com um dos grupos da sala. Nessa tarefa solicitamos que os alunos separassem os objetos geométricos por regularidades e produzissem o registro. Para situar o leitor, trazemos a Tabela 1, com as numerações e a identificação dos objetos e o registro do grupo durante uma devolutiva.

Tabela 1 – Identificação dos sólidos geométricos

Número de identificação	**Sólido geométrico**
1	Prisma de base quadrangular
2	Cilindro
3	Cubo
4	Prisma de base triangular
5	Pirâmide de base quadrangular
6	Cone
7	Pirâmide de base triangular
8	Esfera

Grupo 4: Escolhemos as peças 1, 3, 4, 5 porque são parecidas e escolhemos as peças 2, 6 e 8 porque rolam.
Professora: Queridos alunos! Vocês poderiam dizer por que fizeram a separação dessa forma?
Grupo 4: Nós escolhemos porque as peças 2, 6 e 8 são corpos redondos.
Professora: Poderiam dizer mais alguma coisa sobre esse agrupamento?
Grupo 4: Esses objetos rolam muito fácil, e não tem base

> Professora: Vocês tem certeza disso, todos os objetos desse agrupamento não tem base? Experimentem pegar esses objetos novamente e visualizem mais uma vez...
> Grupo 4: Professora, apenas a esfera não tem base
> Professora: Ok pessoal e vocês podem dizer sobre outro agrupamento das peças 1, 3, 4 e 5 e a peça 7 o que aconteceu?
> Grupo 4: Professora é uma pirâmide! Esquecemos de marcar...
> Professora: E o que mais vocês podem me dizer... [tocou o sino, acabou a aula! O registro foi retomado no outro dia].
> (Registro do grupo 4, em 16/06)

Esse registro traz indícios sobre o quanto a escrita nas aulas de Matemática possibilita, de um lado, a reflexão constante dos alunos sobre suas aprendizagens; de outro, a reflexão do professor sobre a sua prática. Assim, a escrita torna-se mediadora do processo de elaboração conceitual e assume dupla função.

Nosso propósito é evidenciar esse processo no decorrer do livro, considerando que se trata de um movimento de elaboração conceitual em Geometria que não acontece de forma linear, portanto, é necessário levar em conta o tempo de aprendizagem dos alunos, entre outras interfaces que atravessam o cotidiano da sala de aula.

No próximo capítulo, trazemos as primeiras impressões dos alunos, no início do trabalho em sala de aula.

Capítulo III

Com uma câmera nas mãos, e agora? As percepções dos alunos sobre a escola

Por onde começar o nosso trabalho? Essa e outras indagações estiveram presentes durante o seu desenvolvimento. Lançamos um desafio aos alunos: nossa proposta era a realização de um passeio pela escola e a produção de uma fotografia sobre o que mais lhes chamava a atenção. Embora eles estivessem organizados em grupos, naquele momento todos fotografaram. Essa primeira tarefa com a máquina fotográfica inicialmente gerou muita ansiedade tanto para os alunos quanto para a professora-pesquisadora.

Em seguida, as fotografias tiradas pelos alunos foram exibidas na sala de informática, com a utilização de um *datashow*. Eles justificaram oralmente as suas escolhas e seus depoimentos foram filmados por nós. Propusemos também, com a mesma finalidade, a produção de um texto individual para as fotos produzidas por eles. Essas foram as ações mediadas pela professora-pesquisadora, de forma a possibilitar o acesso aos conceitos geométricos. A aluna Gabriela, por exemplo, fotografou uma lousa digital que havia sido instalada na escola recentemente.

Foto 7 – Fotografia produzida pela aluna Gabriela

Para essa foto, Gabriela produziu o seguinte registro:

> No dia 07 de abril de 2009 a professora falou para nós que nós íamos tirar uma foto que significava algo para nós.
> Eu fui tirar a foto com a Rosa e o Guilherme
> No meio do caminho não aconteceu nada mas nós vimos os homens que trabalha na quadra nós fomos a informática e vimos a monitora Jucelia e vimos a diretora e as vices coordenadora.
> A atividade foi muito legal porque deu para conhecer mais a escola.
> Foi bem difícil escolher as fotos porque tem que dar muitas voltas na escola inteira, mas foi bem divertido isso eu garanto.
> Eu escolhi essa foto porque mostra duas partes da lua a lua cheia e meia lua e é incrível que de dia faz sol e a noite aparece a lua.
> (Gabriela, 16/04)

Ao observarmos os escritos trazidos por Gabriela, podemos compreendê-los como um espaço onde se permitiu que a aluna pudesse escrever sobre a sensação de realizar a tarefa. Podemos dizer que nesse registro ela expressou um sentimento de alegria: "Foi bem divertido isso eu garanto" (r.a., 16 abr.).

Outra questão que nos chamou a atenção foi em relação à frase: "Foi muito legal porque deu para conhecer mais a escola" (r.a., 16 abr.). Gabriela é aluna da escola desde o primeiro ano; no entanto, pareceu-nos que conhecer a escola nessa oportunidade foi para ela bastante significativo. Talvez ela tenha tido outro olhar para esse espaço escolar no momento de fotografá-lo. Destacamos que a foto realizada pela aluna será apresentada no próximo capítulo, no entanto, com um novo "olhar" do ponto de vista da Geometria.

Essa foi a primeira oportunidade que os alunos tiveram para escrever nas aulas de Matemática. Muito provavelmente, a metodologia utilizada pela professora-pesquisadora causou estranhamento para os alunos, haja vista que não era uma prática adotada nas escolas, especialmente nas aulas de Matemática. Além disso, foi importante o fato de, ao escreverem sobre as fotografias, terem produzido uma "escrita livre", termo utilizado por Powell e Bairral (2006, p. 71). Para os autores, o alvo dessa escrita é o processo, e não o produto. Eles a classificam em "particular (escrever para mim mesmo) e pública (escrever para compartilhar com outros)" e ponderam que os alunos precisam saber previamente se essas escritas serão ou não tornadas públicas e socializadas. No caso desta pesquisa, todas as escritas dos alunos eram socializadas em sala de aula.

A produção desse texto aproxima-se de algumas características dadas à "escrita livre" pelos autores. Destacamos uma delas: essa escrita é um

> [...] modo de afastar preocupações da mente e diminuir ansiedades. No estudo de caso Powell e López, essas preocupações eram variadas, propiciando discussões sobre sentimentos relacionados ou não com o curso e a matemática, como, por exemplo, as tarefas a serem executadas (Powell; Bairral, 2006, p. 71).

Ao produzir esse texto, os alunos explicitaram seus sentimentos em relação ao espaço escolar. A produção de Gabriela ilustra essa explicitação.

Nesse sentido, acreditamos na potencialidade do uso da máquina fotográfica. Ela pode ter sido um objeto que mobilizou, ou seja, encantou os alunos para aprenderem Geometria, conhecendo melhor o próprio espaço escolar.

As fotos produzidas pelos alunos, juntamente com os escritos e os depoimentos, revelaram os seus sonhos e os seus desejos, permitindo um vasto campo de reflexão para a professora-pesquisadora. São imagens que ora clareiam, ora escurecem, constroem e partem, congelam e descongelam, mostrando que esse espaço está constituído por um movimento investigativo da professora-pesquisadora. Trata-se, portanto, de realizar uma aula prazerosa, dinâmica e com produção de significados.

Brincando de ser fotógrafo

Uma de nossas inquietudes presentes neste trabalho, tendo em vista a ideia de romper com uma aula de Geometria tradicional em que o professor é o legítimo detentor do saber, foi como propiciar a esses alunos atividades lúdicas, sem perder de vista os objetivos de se trabalhar conteúdos geométricos. A ideia surgiu durante o seminário de pesquisa com a Professora Dra. Beatriz D'Ambrósio (Miami University), na Universidade São Francisco.[7] A professora Beatriz sugeriu-nos que, durante as tarefas, propuséssemos que os alunos brincassem com a máquina fotográfica. A proposta, intitulada "Brincando com a máquina fotográfica",[8] permitiu que os alunos pudessem, além de brincar, utilizar a criatividade. A ideia era de que os grupos pudessem trabalhar as noções de distância (perto e longe) e também a produção de sombras, utilizando apenas a máquina fotográfica, sem registrar nada por escrito.

Ao observarmos detalhadamente o conjunto de fotos produzidas pelos alunos durante o ano, lembramos que esse foi um dos poucos momentos em que eles se permitiram ser fotografados. Apresentaremos cinco das fotos produzidas pelos grupos, identificadas pela letra "G" e numeradas de acordo com o número do grupo responsável por ela.

---

[7] Seminário interno, realizado em 2009, com os pesquisadores do Programa de Pós-Graduação em Educação, no qual a professora Beatriz, ao analisar os projetos em desenvolvimento, deu algumas sugestões para a produção de dados.

[8] Essa tarefa foi realizada em grupo e cada aluno produziu uma foto.

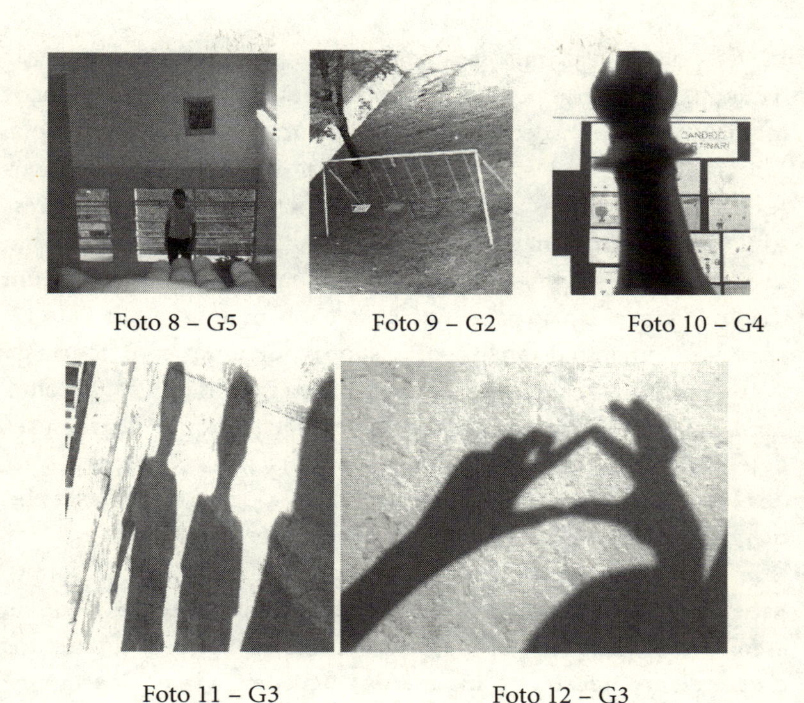

Foto 8 – G5 Foto 9 – G2 Foto 10 – G4

Foto 11 – G3 Foto 12 – G3

Sabemos que, normalmente, privilegiamos poucos momentos como esse na escola, em que os alunos são convidados a brincar. Deixamos, muitas vezes, de apreciar instantes muito significativos, como o de trabalhar com os sentimentos e, sobretudo, deixar aflorar a criatividade dos alunos. As fotos produzidas por eles sugerem muitas interpretações, e a professora-pesquisadora, enquanto parte desse cotidiano escolar, teceu algumas reflexões sobre essas fotos.

A Foto 8 instigou-nos a refletir sobre como gostaríamos de poder contar com os amigos, tendo a sensação de estar sempre com eles na palma de uma mão, dando-nos a sensação de segurança, aconchego e afetividade.

O balanço, ilustrado na Foto 9, mostra-nos, provavelmente, a distância que o brincar está dos alunos. Esse brinquedo foi instalado durante as reformas da escola e seu uso é, principalmente, dos alunos do 1º ano, em virtude da idade e do ensino fundamental de nove anos. No entanto, os alunos dos anos mais avançados ressentem-se da falta de espaços para brincadeiras na escola.

A Foto 10 traz uma peça de xadrez, mobilizando-nos a pensar o quanto o jogo está perto e "longe" ao mesmo tempo, mas poucos momentos de brincadeiras e de jogos são proporcionados na escola.

As Fotos 11 e 12 levam-nos a pensar até que ponto nossos alunos se encontram cobertos pela sombra da escolarização, um tanto excessiva. Sabemos também o quanto não permitimos aos alunos brincar, por exemplo, *de fotógrafo*. Ou ainda sonhar que é possível desenhar um triângulo sem o uso do papel e do lápis, tão bem ilustrado na Foto 12.

No momento da análise dessas fotos, tomamos consciência da riqueza de um trabalho com sombras para a exploração de conceitos geométricos. Elas trazem elementos geométricos que poderiam ser desencadeadores do trabalho em sala de aula: perspectiva, projeção, distância, dimensionalidade, dentre outros. Ficam, pois, esses elementos para um trabalho futuro nessa perspectiva.

As Fotos 8 a 12 remetem-nos à infância, a um espaço-sonho. Sabemos que o brincar não tem ocupado espaço de destaque na escola. A brincadeira e os jogos ali ocorrem em poucos momentos e, quando acontecem, normalmente antecedem a saída dos alunos; ou, ainda, são vistos pelos professores como uma recreação, muitas vezes desprovida de significados para eles.

Outra questão a ser pontuada recai sobre a estrutura arquitetônica dos estabelecimentos de ensino, uma vez que, na maioria deles, o projeto inviabiliza o contato entre os alunos e o movimento. Apoiando-nos em Escolano (2001, p. 27-28): "A espacialização organiza minuciosamente os movimentos e os gestos e faz com que a escola seja um 'continente de poder'" (grifo do autor).

As fotos trazidas pelos alunos e os registros realizados por eles elucidam como o espaço escolar foi sendo constituído. Certamente, são imagens e indagações que nos fazem pensar na prática pedagógica. Consideramos significativos, tanto para os alunos quanto para a professora-pesquisadora, esses momentos em que eles puderam ousar com uma máquina fotográfica em mãos. Para muitos deles, esse momento de fotografar ficou como algo inesquecível entre as atividades realizadas nas aulas de Geometria. Isso nos sinaliza o quanto a máquina fotográfica pode ser uma ferramenta interessante para o trabalho em sala de aula.

Capítulo IV

Fotografia além da fotografia: evidenciando o processo de elaboração conceitual dos alunos

Explorar as características dos sólidos geométricos para, a partir da tridimensionalidade, abordar as figuras planas/bidimensionais tem sido referência nos currículos mundiais. Considerando tais recomendações, nosso trabalho as toma como ponto de referência e partida para o ensino de Geometria. Dada a importância de tal abordagem, elegemos trabalhar com os sólidos geométricos. Inicialmente explicitaremos a sequência com a qual desenvolvemos nosso trabalho em sala de aula e, para cada etapa, apresentaremos o registro de um grupo.

1) Apresentação da proposta "Percepções",[9] que consistiu na manipulação dos sólidos geométricos, sem a intenção de que os alunos os nomeassem corretamente. Em seguida, foi solicitado aos grupos que produzissem um texto sobre essa experiência.
2) Separação dos objetos por regularidades e produção de relatório.
3) Leitura dos registros escritos da aula anterior e, se necessário, realização de mudanças.

[9] Realizada em grupo, fez parte da sequência de atividades preparadas com base no livro *Espaço e forma*, de Pires, Curi e Campos (2000).

4) Produção de fotografias dos espaços escolares e identificação dos objetos que possuíssem as propriedades dos sólidos geométricos.
5) Produção de relatório sobre as fotografias produzidas na tarefa anterior.
6) Produção de fotografias pela professora-pesquisadora e registro individual dos alunos Sophia, Marcos e Bianca.

As primeiras tarefas com os sólidos geométricos

Cada um dos grupos tinha disponível uma caixa com oito sólidos geométricos e os seus respectivos números, embora sem os nomes desses objetos. Pautando-nos em Pais (1996, 2000), ressaltamos a importância do contato com o objeto real, que possibilita que as imagens mentais se estabeleçam e propiciem a abstração. Trazemos a Foto 13, com os objetos geométricos contidos na caixa, e a Tabela 2, com a respectiva identificação, para situar o leitor.

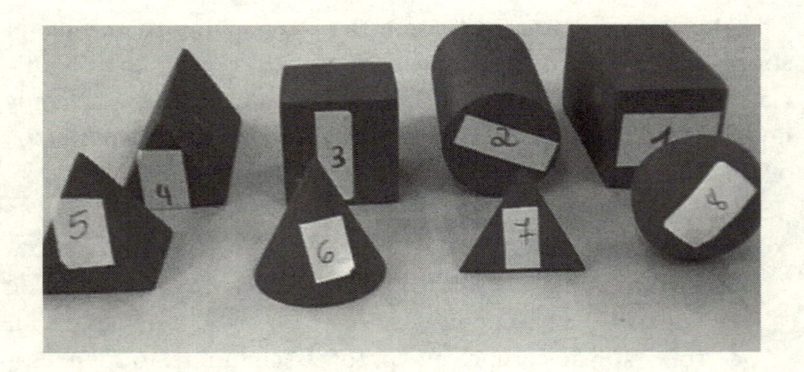

Foto 13 – Foto da professora Cleane sobre sólidos geométricos

Tabela 2 – Identificação dos sólidos geométricos

Número de identificação	Sólido geométrico
1	Prisma de base quadrangular

Número de identificação	**Sólido geométrico**
2	Cilindro
3	Cubo
4	Prisma de base triangular
5	Pirâmide de base quadrangular
6	Cone
7	Pirâmide de base triangular
8	Esfera

Num primeiro momento, "Percepções" trouxe, para a professora-pesquisadora, muita angústia e medo, pois os alunos começaram a disputar os sólidos geométricos, a simular construções e a derrubá-las no chão. Tal atitude se deveu, muito provavelmente, à curiosidade que os objetos lhes causaram, e foi superada com o desenvolvimento das atividades.

A seguir, o relatório do G2, após a manipulação dos sólidos geométricos:

> A forma círculo não tem nenhum lado, por tanto rola muito fácil.
> O quadrado e o triângulo formam uma casa. O quadrado tem quatro lado iguais, e o triângulo tem três lados.
> A forma triângulo, pode formar o telhado de uma casa.
> O grupo não sabe o nome de uma forma, mas ela é cumprida e grande.
> Com ela e o retângulo, formamos uma casa de passarinhos.
> (G2, 19/05)

Nesse primeiro contato com os sólidos geométricos, pudemos observar que o grupo se remeteu ao quadrado, ao triângulo, ao retângulo e ao círculo. Isso, de certa forma, evidenciou o conhecimento que os alunos tinham, centrado nas figuras planas.

O grupo, portanto, analisou os sólidos geométricos, considerando apenas a vista frontal, sem se ater à tridimensionalidade. O grupo restringiu-se à visualização, ou seja, os alunos identificaram, compararam e nomearam figuras geométricas, tendo como referência a sua aparência global.

Após a realização dessa etapa, propusemos aos alunos a utilização novamente do conjunto de sólidos geométricos e a separação por regularidades. Segue o texto produzido pelo G6:

> Nós achamos que os objetos números 1, 5 e 3 combinam porque a base é quadrada.
> E também nós escolhemos o 6 e 2 porque as duas tem a base redonda.
> Ah, nós achamos que 7 e 4 a base é triangular.
> Nos vimos que o círculo não tem base porque ele é redondo. (grifo da professora)
> (G6, 10/06)

Evidenciamos, no registro do G6, o movimento de elaboração conceitual: o grupo utilizou o vocabulário geométrico, trouxe a palavra "base" para os objetos 7 e 4, embora um sólido seja um prisma de base triangular e o outro, uma pirâmide de base triangular; fez o mesmo em relação aos sólidos 1, 5 e 3; e, ainda, justificou o fato de o objeto 8 não ter base, pois se tratava de uma esfera.

Os alunos conseguiram destacar algumas propriedades e os elementos da figura. A escrita do grupo sugere um avanço na elaboração conceitual dos conceitos geométricos. Podemos dizer que o grupo, muito provavelmente, realizou uma análise dos objetos, reconhecendo que eles têm partes, o que implica afirmar que os objetos começam a ser analisados não só por sua aparência global, mas por suas propriedades intrínsecas.

Oportunizar para o grupo esse espaço de análise dos sólidos e de discussão permitiu que os alunos revissem os seus escritos e, na produção de outro texto, revelassem a extensão do seu vocabulário geométrico; e começassem a estabelecer algumas relações entre as propriedades e os sólidos geométricos que estavam à disposição do grupo. Além disso, a escrita nas aulas de Matemática atua como mediadora, integrando experiências individuais e coletivas para a produção de significações e para a apropriação dos conceitos estudados.

O fato de os alunos iniciarem o estabelecimento de relações levou-nos a inferir que entraram no movimento de elaboração conceitual. Estabelecer relações, segundo Hiebert *et al.* (1997), é indício de aprendizagem com compreensão.

Trazemos a devolutiva da professora-pesquisadora sobre o relatório apresentado pelo G6.

> Olá, meninos e meninas!
> Eu gostei muito do registro de vocês! Acho que vocês confundiram a palavra círculo que eu sublinhei, verifique com o grupo se não tem outro nome.
> Aguardo resposta!
> Beijos Prof.ª Cleane
> (Devolutiva da professora-pesquisadora, em 10/06)

A essa indagação, o grupo respondeu:

> Acho que confundimos mesmo prof.ª, não se escreve círculo se escreve esfera.
> (Registro do G6 após a devolutiva da professora, em 10/06)

A devolutiva da professora-pesquisadora permitiu ao grupo uma reescrita, pois, ao se posicionarem, realizaram as modificações no texto produzido. Pode-se dizer que a mediação pedagógica foi adequada.

Na fase seguinte do trabalho, os grupos receberam novamente a caixa com os sólidos geométricos, para que realizassem a leitura do registro da aula anterior[10] e, caso achassem necessário, alterassem o que já haviam escrito. Diante de tal solicitação, o G6 propôs algumas alterações:

[10] "Separar os objetos por regularidades e produção de relatório".

> Nós, desse grupo, achamos que as formas 5, 4 e 7 são semelhantes, porque suas bases são triangulares. Também juntamos os números 1 e 3 porque suas bases são quadrangulares. E para finalizar, achamos que as formas 8, 6 e 2 combinam, pois os três são corpos redondos.
> (G6, 16/06)

Ficou evidente que o grupo começou a estabelecer algumas comparações entre os objetos geométricos e agrupou alguns objetos por semelhanças, dando indícios de ampliação do movimento de elaboração conceitual. Pautando-nos na perspectiva vigotskiana, observamos, por parte do grupo, um processo que caminhava para a abstração. Conforme Góes e Cruz (2006, p. 34):

> A criança passa a reunir os objetos com base em um único atributo, mais estável e que não se perde facilmente com os outros. É o domínio da abstração, em conjunto com o pensamento por complexos, que permite à criança desenvolver-se em direção aos conceitos verdadeiros.

Isso significa que o ensino de Geometria necessita pautar-se em atividades de exploração e investigação, cabendo ao professor propiciar aos alunos esses momentos nos quais haja a circulação e a negociação de significados, como evidenciado nesse trabalho.

Esse movimento foi ampliado na etapa seguinte, que consistiu em registrar fotograficamente objetos do espaço escolar.

Fotografia além da fotografia

Após a manipulação dos sólidos geométricos pelos alunos, em que eles puderam realizar as observações visuais, elaborar textos, apontando as suas ideias e, ainda, realizar desenhos para representação dos sólidos geométricos, propusemos aos grupos que saíssem a campo com a máquina fotográfica e realizassem um percurso na escola e no seu entorno, com o intuito de identificar os objetos do cotidiano que remetessem a prismas, pirâmides, corpos redondos, e que os fotografassem.

De certa forma, esse seria um momento de avaliação para a professora-pesquisadora, pois apontaria como estava o caminho percorrido pelos alunos até aquele momento.

São apresentadas as Fotos 14 a 19 (numa sequência horizontal) produzidas pelo G1[11] e as suas justificativas:

Fotos 14 a 19, produzidas pelo grupo em 30 de junho:

Foto 14 Foto 15 Foto 16

Foto 17 Foto 18 Foto 19

Como a numeração das fotos segue a ordem do presente texto, optamos por organizar os dados na Tabela 3, possibilitando ao leitor que acompanhe as justificativas dadas pelos alunos do G1 para sua produção.

[11] Nessa etapa, cada aluno produziu uma fotografia, e o registro escrito sobre elas foi elaborado em grupo.

Tabela 3 – Número da foto, objeto e nomenclatura

Número da foto	Objeto	Nomenclatura utilizada pelo grupo de alunos
14	armário de aço	Figura 1
15	ponta de lápis de pedreiro	Figura 2
16	suporte	Figura 3
17	tronco de cone	Figura 4
18	caixa d'água	Figura 5
19	cesto de lixo	Figura 6

A seguir, as justificativas apresentadas pelo G1.

> Jundiaí, 2 de julho de 2009
> A figura 1 se parece com um prisma.
> A figura 2 se parece com uma pirâmide porque se encontra as pontas ensima.
> A figura 3 se parece com um prisma quadrangular.
> A figura 4 se parece com um cone, ou seja, corpo redondo
> A 5 com um corpo redondo.
> E a 6 também com um corpo redondo.
> Embora as formas são armário, ponta de lápis, cimento, um cone uma caixa de água e um latão de lixo. São todos formas geométricas.
> (G1, em 02/07)

Para descrever os objetos dos registros – tanto fotográficos quanto escritos – produzidos pelo G1, os alunos recorreram às suas imagens mentais, elaboradas por meio dos conceitos espontâneos, e também colocaram em jogo a elaboração dos conceitos científicos. Esse movimento é enriquecido quando quem ensina tem compreensão da amplitude do conceito e dos diferentes sentidos que os alunos têm tanto para os conceitos cotidianos quanto para os científicos.

Destacamos também, no registro do grupo, a presença de um vocabulário específico da Geometria para nomear os objetos encontrados no cotidiano. Outra questão a ser considerada refere-se à frase do grupo: "se parece", já que os objetos geométricos não existem no mundo real. Nacarato e Passos (2003), apoiando-se nos estudos de Fischbein, ressaltam que os objetos geométricos só existem em um sentido conceitual. A representação de objetos tridimensionais constitui um modelo matemático materializado – daí a pertinência da expressão utilizada corretamente pelos alunos: *se parece.*

Dando prosseguimento ao trabalho com os sólidos geométricos, apresentamos as Fotos 20 a 28, tiradas pela professora-pesquisadora, dos objetos dos quais partiu sua proposta para o trabalho individual dos alunos: "Esses objetos aparecem em nosso cotidiano. Escreva com quais sólidos geométricos esses objetos se parecem. Justifique".

Fotos 20 a 28, realizadas pela professora-pesquisadora:

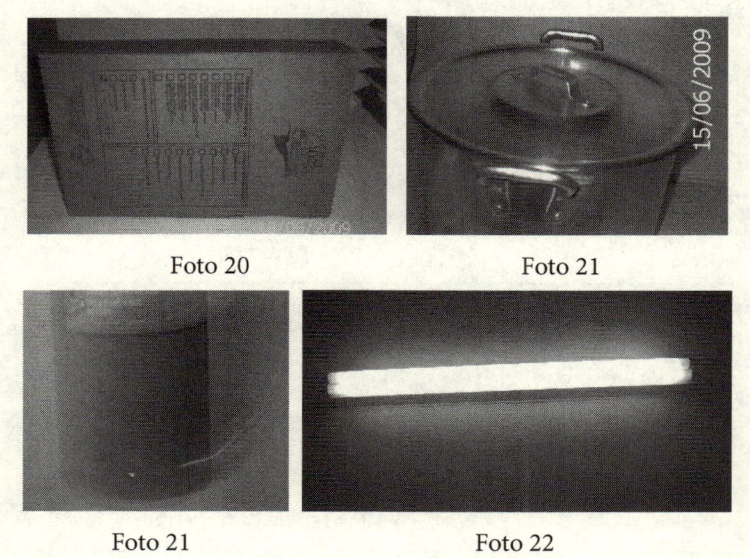

Foto 20 Foto 21

Foto 21 Foto 22

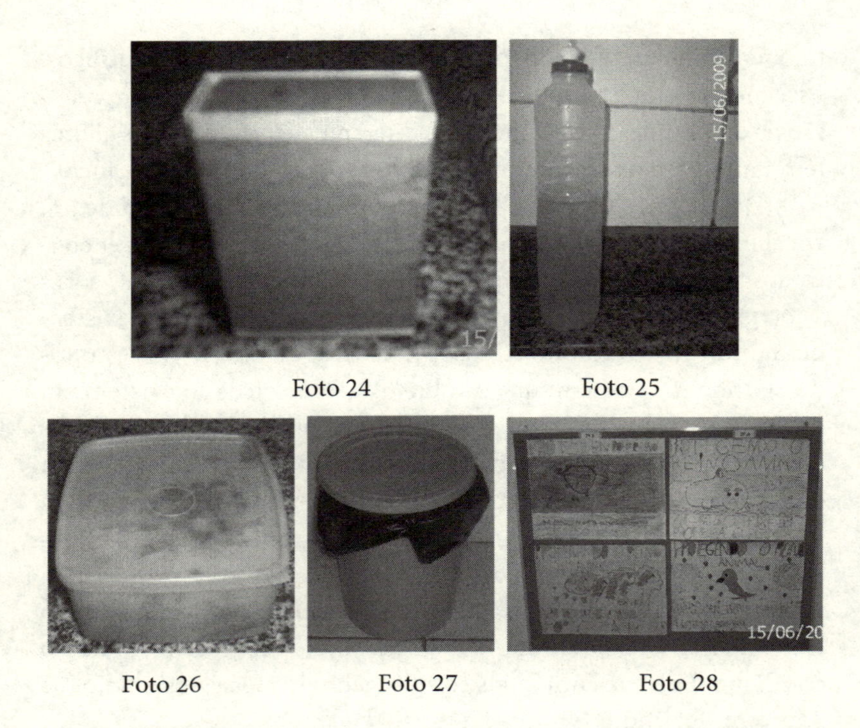

Foto 24 Foto 25

Foto 26 Foto 27 Foto 28

A Tabela 4, a seguir, possibilita ao leitor que acompanhe as justificativas dadas pela aluna Sophia para sua produção.

Tabela 4 – Número da foto e objeto

Número da foto	**Objeto**
20	Caixa de papelão
21	Panela
22	Extintor de incêndio
23	Lâmpada
24	Caixa de fósforo
25	Frasco de detergente

Número da foto	Objeto
26	Pote de plástico
27	Cesto de lixo
28	Mural

Eis os escritos de Sophia:

> Eu vou falar sobre os sólido geométrico. A primeira figura é uma caixa ela se parece muito com um prisma.
> Essa segunda figura ela é uma panela ela se parece muito com um corpo redondo ele não tem vertisi.
> Esse objeto é um extintor ele também é um corpo redondo, pois sua característica é rolar ele tem duas bases mas não tem vertisi.
> Essa lâmpada se parece com um corpo redondo. Essa caixa de fósforo se parece com um prisma ele tem duas bases.
> Essa garrafinha se parece com um corpo redondo, pois ele tem a característica de rolar. Essa vaselinha se parece com um prisma.
> Esse lixo se parece com um cilindro ele tem duas bases não tem vertisi e nem face. Esse mural se parece com um prisma.
> Essas fotos foram tiradas pela professora no pátio da escola.
> (Sophia, 01/09)

Nos escritos de Sophia, ela trouxe algumas propriedades dos corpos redondos: "ela não tem vertisi" (sic); "ele tem duas bases mas não tem vertisi (sic)"; "ele tem 2 bases não tem vertisi (sic) e nem face". Entendemos, como Nacarato (2000, p. 199), que,

> [...] na dinâmica da conceitualização geométrica, o percurso é diferente de outras áreas do conhecimento, em que os conceitos científicos são tratados a partir dos conceitos cotidianos

> das pessoas. Nos pressupostos teóricos de Vygotsky, os conceitos cotidianos mediam a vivência com os objetos, são eles que fundamentam e dão a base vivencial para os conceitos científicos.

À medida que os alunos começam a atribuir significados mediados pela palavra, os conceitos científicos avançam em níveis de generalidade.

Trazemos um fragmento dos escritos de Marcos nessa mesma atividade. Para a leitura, considere a seguinte numeração: a Foto 20 (caixa de papelão) refere-se ao objeto 1, e a Foto 24 (caixa de fósforo), ao objeto 5.

O objeto 5 é uma caixa de fósforo e a mesma coisa que o objeto 1. O objeto 1 é uma caixa que parece com um prisma tem 8 vértices, 2 faces, 16 arestas. (Marcos, 01/09)

Marcos, ao estabelecer a comparação entre os objetos, realizou um agrupamento, dando indícios de um movimento de elaboração conceitual, tal como apontado por Fischbein (1993 *apud* Nacarato, 2002, p. 88): "[...] significados mudam de uma categoria para outra, as imagens ganham significação mais generalizada e os conceitos enriquecem mais amplamente suas conotações e seu poder combinatório".

Acreditamos que estabelecer essas combinações só foi possível na medida em que o aluno começou a estabelecer relações com os objetos e a compreender as suas respectivas propriedades, utilizando um vocabulário próprio para a Geometria.

Trazemos o texto produzido pela aluna Bianca na mesma proposta. Para a leitura, considere a seguinte numeração: A Foto 21 (panela) refere-se ao objeto 2, e a Foto 24 (caixa de fósforo), ao objeto 5.

O segundo se parece com um corpo redondo todo mundo chama de círculo porque é uma forma aredondada.

> E o sétimo se parece com um paralelepípedo todo mundo chama de quadrado mas estão errados porque é um paralelepípedo.
> (Bianca, 01/09)

No registro de Bianca, destacamos uma relação estabelecida com as figuras planas e com os sólidos geométricos. Ela, ainda, enfatiza o erro que alguns alunos cometem quando não têm a visualização completa da figura nem do conceito.

A aluna estabelece uma relação entre a figura plana (círculo) e o corpo redondo (cilindro), rompendo com a força que o protótipo exerce quando, por exemplo, algumas pessoas confundem o objeto círculo com o cilindro.

O que esses textos nos revelaram? Primeiro, cada texto produzido por esses alunos tem as suas particularidades. Eles trazem o momento de aprendizagem de cada um; as relações que estabeleceram entre o que foi trabalhado em sala de aula; e as apropriações conceituais.

Queremos destacar que, ao trazermos os textos produzidos por Sophia, Marcos e Bianca em uma mesma tarefa, pudemos vivenciar diversas possibilidades de escrita.

Nesse sentido, entendemos que o professor precisa priorizar muito mais o processo do que o produto. Ressaltamos também que a elaboração dos conceitos pelos alunos acontece de diferentes formas e em maior ou menor intensidade para alguns; portanto, temos que acreditar que todo aluno é capaz, mesmo que eles tenham diferentes tempos de aprendizagem.

Acreditamos que essa sequência de tarefas tenha contribuído para o movimento de circulação de significados geométricos para as figuras tridimensionais. Elementos como faces, arestas, vértices e bases foram sendo incorporados ao vocabulário dos alunos. Esse trabalho foi fundamental para a exploração de figuras planas.

A escrita possibilitando ressignificar registros fotográficos

O ponto de partida para a escrita aqui apresentada foram algumas fotografias produzidas pelos alunos na primeira proposta, em que eles tiveram o desafio de "escolher um espaço da escola que lhes chamasse a atenção para ser fotografado"; agora com um enfoque diferente. O objetivo era que os alunos, ao se depararem com essas fotos produzidas, pudessem reconhecer os elementos da geometria euclidiana nelas contidos.

A professora-pesquisadora propôs o seguinte enunciado para a elaboração do texto: "Eu tirei essa foto no início do ano durante a primeira tarefa de Geometria. Em seguida, lembro-me de que fiz um depoimento/registro sobre ela. Hoje, observando essa foto, posso identificar alguns elementos geométricos".

A foto da aluna Gabriela já foi apresentada anteriormente, numa outra perspectiva:

Foto 29 – Fotografia produzida pela aluna Gabriela, em 07/04

A respeito dela, Gabriela produziu o seguinte registro:

> A foto é um círculo e o telão da lousa é quadrado eu só pude descobrir o quadrado nessa segunda revisão que essas figuras são planas.
> E essa foto foi tirada na sala de informática.
> (Gabriela, 27/11)

Gabriela, no registro produzido, conseguiu identificar a figura plana, denominada círculo. Ao mencionar o telão da lousa digital, destacou: "o telão da lousa é quadrado eu só pude descobrir o quadrado nessa segunda revisão", o que gerou a seguinte intervenção por parte da professora-pesquisadora:

> Olá,
> O telão da lousa tem a sua face retangular. OK! Beijos
> Prof.ª Cleane.
> (registro da professora-pesquisadora, em 29/11)

Ao escrever tal afirmação durante o processo de devolutiva, a professora-pesquisadora não realizou uma boa intervenção, pois deu a resposta à aluna, portanto, impossibilitando que ela pudesse pensar matematicamente. A professora poderia criar outras indagações para que a aluna pudesse estabelecer conjecturas.

Tal fato somente foi constatado durante as idas e vindas ao material coletado, no movimento de análise. Isso foi um sinalizador, para a professora-pesquisadora, de que são necessárias boas perguntas no processo de intervenção para que os alunos possam, de fato, repensar as suas ideias e avançar nos conceitos científicos.

> É mesmo só agora que eu vi.
> (Gabriela, 29/11)

Gabriela, ao ler a devolutiva da professora, ateve-se ao "erro" cometido e concordou com a professora, quando escreveu o seu registro. Ou seja, a "autoridade" da professora legitima o saber escolar.

O aluno Thomas revisitou sua foto da área externa da escola, em que há a presença de funcionários trabalhando na reforma da quadra, num dia bastante ensolarado.

Foto 30 – Fotografia produzida pelo aluno Thomas, em 08/04

> Hoje, observando essa foto posso identificar que existe uma figura projetada com uma sombra essa figura se chama triângulo, ela recebe esse nome porque tem três lados. (Thomas, 27/11)

A observação feita por Thomas foi bastante interessante, pois percebemos que, ao revisitar a fotografia produzida por ele no mês de abril, o aluno pode nesse momento trazer um outro olhar para a foto, conforme apontou em seus escritos. Lendo o registro atentamente, remetemo-nos, muito provavelmente, à atividade "Brincando com a máquina fotográfica", em que os alunos produziram sombras: foi proposto a eles que brincassem com a máquina fotográfica e, nesse momento, evidenciamos o seu resultado com a escrita do aluno: "Uma figura projetada com uma sombra essa figura se chama triângulo". Isso significa que o aluno provavelmente estabeleceu uma conexão com a tarefa realizada anteriormente, bem como com todas as propostas que foram oportunizadas em Geometria.

Na devolutiva, a professora-pesquisadora escreveu:

> E os blocos de que forma eles são? (Prof.ª Cleane, 29/11)

Respondendo à pergunta feita pela professora, Thomas escreveu:

> Eles tem forma de retângulo na face. (Thomas, 29/11)

O aluno mostrou-se bastante atento na escrita de sua resposta, na medida em que se reportou à face "dos blocos". Isso evidencia o caminho percorrido por ele na elaboração conceitual, ao identificar nos objetos tridimensionais os seus elementos – no caso, aqui, no objeto "bloco" –, utilizando-se de um vocabulário apropriado para validar a sua resposta, ou seja, os blocos são representações de prismas de bases retangulares.

Esse movimento de fotografar, analisar e escrever é importante, pois traz os indícios de elaboração conceitual constituída pelos alunos. As fotografias produzidas por eles não são meras ilustrações, pois, ao serem revisitadas e ressignificadas, privilegiam um momento de análise do ponto de vista da Geometria.

Capítulo V

Registros: o escrito, o pictórico e a fotografia na constituição da percepção espacial pelos alunos

Trazemos o movimento construído pelos alunos acerca das noções espaciais. A percepção do sujeito constitui-se num movimento contínuo, e isso pode ser constatado por meio de sua linguagem. Em relação à percepção, Vygotsky (1989 *apud* NACARATO, 2000, p. 199) comenta: "linguagem e percepção estão ligadas". A criança, inicialmente, percebe o mundo imediato e a função primária da fala: é a "rotulação". A linguagem é importante para identificar como a noção de percepção vai sendo construída pelos alunos. Apoiando-nos também nas ideias de Del Grande (1994, p. 156), podemos afirmar que "a percepção espacial é a faculdade de reconhecer e discriminar estímulos no espaço, e a partir do espaço, e interpretar esses estímulos associando-os a experiências anteriores". Nesse sentido, o ensino de Geometria deve priorizar que os alunos possam discutir, representar e construir para ampliar as suas percepções.

Dentre as propostas que envolveram a percepção do espaço, elegemos uma, a partir dos seguintes critérios: ser mais abrangente, possibilitar maior discussão entre os alunos, envolver vários conceitos matemáticos e não matemáticos e, portanto, demandar maior tempo e envolvimento dos alunos. Eles cumpriram as seguintes etapas:

- Produção individual de uma descrição em língua portuguesa: "Descreva o local onde você mora". Como o texto produzido pelos alunos trazia elementos da Geometria, resolvemos ampliar o trabalho com ele.
- Revisão coletiva de uma das produções escritas. Esta é uma prática da sala de aula dos anos iniciais. A professora seleciona um texto que gostaria de explorar com a classe e solicita a autorização do autor para que seja reestruturado coletivamente. Nesse caso, escolhemos o texto de Leo.
- Os alunos ilustraram esse texto. Trazemos quatro ilustrações para a análise: Leo, Mário, Júlio e Kauan.
- Leo levou a máquina fotográfica para realizar fotos do percurso que fazia de sua casa até a escola. Disponibilizamos a máquina para ele em virtude de Leo residir próximo da escola e fazer o percurso a pé.
- As fotos produzidas por Leo foram disponibilizadas para que os alunos, individualmente, elaborassem um mapa para representar, com os pontos de referência, o percurso de Leo da sua casa até a escola. Trazemos aqui o mapa do próprio Leo na tarefa "Mapeando espaços", com o objetivo de analisar o movimento de percepção.
- Produção escrita individual, a partir do mapa construído. Além do texto do próprio Leo, trazemos também o de Kauan.

Texto coletivo e sua ilustração

Trazemos, inicialmente, o texto de Leo revisado coletivamente com sublinhados nossos.

> Descreva o local onde você mora
> <u>Eu moro com a minha mãe</u>. Nós moramos na rua: Antonio Tacildo Vion, nº 679. Do lado direito da minha casa

tem um terreno baldio e o mato cada dia está mais alto, quase invade a nossa casa.
Perto da minha casa tem uma mercearia que funciona das 6h30 às 20 h. Nessa mercearia, todos os dias eu compro pães antes de ir à escola.
A escola em que estudo fica perto da minha casa, de a pé gasto mais ou menos uns cinco minutos.
Ah, quase estava me esquecendo que perto da minha casa também tem uma *lan house.*
Quando posso vou à casa de meu amigo Mateus para podermos brincar juntos.
Quase todos os dias alguns meninos jogam bola na rua e faz um tremendo barulho. Essa é a rua onde eu moro.
(Texto revisado do aluno Leo, 24/03)

Que elementos Leo trouxe em seu texto? Constatamos que ele foi além de uma mera descrição. Ele traz elementos de sua rotina cotidiana (compra pães, sabe o horário de funcionamento da mercearia e o tempo que gasta para ir a pé até a escola), além de situar-se afetivamente ("Eu moro com a minha mãe", "Quando posso...") e espacialmente (traz nome de rua e pontos de referência). Podemos dizer que Leo sintetiza: o espaço vivido, o percebido e o concebido, conforme aponta Hannoun (1977), ou seja:

- o espaço vivido é aquele em que o sujeito está em contato com o espaço em que vive;
- o espaço percebido é aquele que o sujeito já conhece, sem a necessidade da experiência anterior;
- o espaço concebido é definido pelas formas que já não são mais percebidas na totalidade, mas pelas representações entre elas e suas propriedades.

A seguir trazemos a ilustração realizada por Leo, em 30 de março:

Figura 7 – Desenho do aluno Leo (Santos, 2011)

Na ilustração, Leo representa os pontos de referência que destacou no texto: o terreno baldio, ao lado de sua casa – a casa de número 679; a mercearia e a *lan house*. Ao lado da mercearia, ele representa o bar – elemento não apontado no texto.

Leo, por ter a vivência, ilustra o seu desenho com todos os elementos do texto, inclusive os meninos jogando bola. No texto, ele não se inclui no grupo desses meninos. Não seria uma atividade que ele desenvolve; conhecedoras do perfil de Leo, supomos que sua preferência seja pela *lan house*.

Apesar de tantos detalhes apontados no texto de Leo, as imagens espaciais que ele propiciou variaram de aluno para aluno: cada um fez uma representação a partir de sua própria interpretação.

Apresentamos os desenhos dos alunos Mário, Júlio e Kauan, com o objetivo de analisar a percepção espacial que eles têm de um lugar que não faz parte de sua vivência.

Figura 8 – Desenho do aluno Mário (Santos, 2011)

No desenho produzido por Mário, os pontos de referência apontados pelo texto do Leo encontram-se todos de um mesmo lado da rua. Isso faz sentido, pois Mário faz uma representação de um espaço que não é peculiar a ele. Não há como desconsiderar uma diferença entre os desenhos de quem se remete a um espaço que conhece e os do outro, no caso do Mário, cujo espaço não é de sua vivência. Mário fez questão de destacar a vinda do seu amigo Leo a pé à escola. Júlio, por sua vez, apresentou o seguinte desenho:

Figura 9 – Desenho do aluno Júlio (Santos, 2011)

No desenho de Júlio, a presença do ônibus escolar que segue em direção à escola torna-se uma referência para ele, pois o aluno se utiliza dele todos os dias; no entanto, isso não foi citado no texto de Leo. Assim, os significados que Júlio atribuiu ao contexto apresentado por Leo refletem-se na sua ilustração. Ainda em relação aos meios de transporte, o aluno desenhou também um carro e um caminhão, sugerindo que a rua em que Leo reside é bastante movimentada; no entanto, o barulho a que Leo se referiu é em relação ao jogo de futebol dos meninos.

O terceiro desenho foi feito por Kauan:

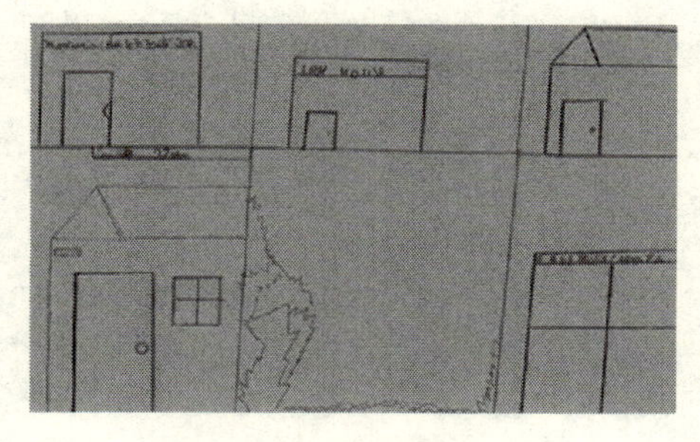

Figura 10 – Desenho do aluno Kauan (Santos, 2011)

Ao observarmos o desenho de Kauan (desenho já apresentado no capítulo 1), percebemos que ele utilizou algumas figuras planas – desenhadas na forma prototípica (Nacarato; Passos; 2003), ou seja, apresentadas sempre na mesma posição –, tais como o quadrado, o retângulo e o triângulo, para representar os pontos de referência apontados por Leo, descaracterizando as formas que esses elementos têm no real, ou seja, sem a ideia de profundidade, de perspectiva. O aluno também deu destaque para o mato que está quase invadindo a casa de Leo. Uma outra interpretação do desenho de Leo se aproxima dos escritos de Zaleski Filho (2013) em seu livro, no qual faz menção ao pintor Mondrian ao estabelecer relações com a natureza e as formas geométricas em suas pinturas.

Estávamos então iniciando o trabalho com a Geometria e a nossa intenção era propiciar um ambiente em que os alunos pudessem ampliar as suas noções de espaço e também desenvolver o pensamento geométrico. Passos (2000, p. 81), em relação ao desenho, destaca:

> Entende-se que a representação pode ser gráfica, como um desenho em um papel ou como modelos manipuláveis, ou mesmo através da linguagem e de gestos, considerados [...] como instrumentos importantes para expressar conhecimentos e ideias geométricas dos sujeitos.

Nesse sentido, cabe ao professor propiciar que os alunos façam uso do desenho para representar, para oportunizar situações nas quais coloquem em jogo as suas representações acerca das noções espaciais. O desenho, como discutido por Pais (1996), pode ser um obstáculo epistemológico para a aprendizagem de Geometria, caso o professor se preocupe somente com os aspectos da representação, sem se ater à necessidade de trabalhar também o conceito.

Ao analisarmos o texto produzido por Leo e os desenhos produzidos por ele e por Mário, Júlio e Kauan, constatamos uma representação diferente para cada um deles.

No desenho de Leo, autor do texto, a sua representação vai além da Geometria, pois traz momentos do seu cotidiano e de noções espaciais. Na ilustração de Mário, houve uma representação voltada para a criatividade: ele dá indícios do amanhecer, mostrando a caminhada de seu amigo à escola. O desenho de Júlio, por sua vez, sugere movimento, dando indicativos de que Leo mora em uma das principais ruas do bairro, exemplificando-a com a passagem do transporte coletivo; e tal ilustração confirmou-se como verdadeira. Kauan, em sua representação, apenas desenhou os pontos de referência, sem noções de espacialidade. Ou ele teria apenas cumprido a tarefa solicitada, sem que ela lhe produzisse sentidos?

Leo e a máquina fotográfica

Dando continuidade à proposta "Descreva o local onde você mora", propusemos a Leo a utilização da máquina fotográfica e a produção de fotografias do percurso que realizava para chegar até a escola, elegendo alguns pontos de referência.

A opção de oferecermos a máquina fotográfica ao aluno deveu-se à localização de sua casa, que não ficava distante da escola, e também ao percurso a pé todos os dias, conforme mencionado no texto revisado (p. 68-69).

Muitos alunos gostariam de ter tido a oportunidade dada a Leo; no entanto, isso não foi possível, por conta do tempo e da localização de suas casas. A escola fica situada em uma área afastada da parte central do bairro, e a maioria dos alunos utiliza o ônibus cedido pela prefeitura para chegar à escola. Lançado o desafio, o aluno produziu as fotografias.

Fotos de 31 a 35, produzidas por Leo:

Foto 31 – Terreno baldio

Foto 32 – Mercearia

Foto 33 – Casa do Leo

Foto 34 – *Lan house*

Foto 35 – Fachada da escola

Identificamos, nessas fotos, duas datas, pois foram tiradas em dias diferentes e, no primeiro deles, o ajuste da data não foi feito corretamente: três delas mostram a data de 14 de outubro de 2008, portanto o ano estava errado, conforme anotação no diário de campo da professora-pesquisadora: "Quando eu vi as fotos, percebi que o ano ficou errado. Leo comentou que foi muito difícil tirar as fotos; o dono da mercearia ficou preocupado e perguntou qual era o motivo, o aluno disse também que queria tirar mais" (d.c. da pesquisadora).

Atendendo ao pedido, Leo levou a máquina fotográfica novamente para concluir a tarefa, dessa vez com o correto ajuste do ano, dia 20 de outubro de 2009.

As fotos produzidas foram disponibilizadas para que os alunos, individualmente, elaborassem o mapa, representando, com os pontos de referência, o percurso de Leo da sua casa até a escola.

Trazemos as orientações fornecidas aos alunos para a realização dessa tarefa. Anteriormente, havíamos discutido, em sala de aula, ponto de referência, retas paralelas e retas concorrentes, a fim de que, na confecção do mapa, os alunos pudessem trabalhar também com a localização das ruas. Foi feito um esboço na lousa, com os alunos, para que, posteriormente, pudessem utilizar a malha quadriculada e realizar a tarefa.

"Mapeando espaços"

- Escreva o nome da rua do Leo no meio da malha quadriculada: Rua Antonio Tacildo Vion.
- Localize a Rua Ângelo Bardi (escola), ela fica acima da rua do Leo.

- Localize a Rua João Buscatto, ela fica abaixo da rua do Leo.
- Rua Ary Normaton fica no início da rua Antonio Tacildo Vion – sentido bairro/cidade.
- Rua Eduardo Povoa fica no final da rua Antonio Tacildo Vion – sentido bairro/cidade.
- Pontos de referência adotados pelo aluno Leo
- A sua casa, nº 679
- Terreno baldio
- A mercearia
- A *lan house*
- A escola

(Dicas elaboradas pela professora-pesquisadora, em 04/11)

A figura "Mapeando espaços",[12] elaborada por Leo, expõe, com a utilização das fotos produzidas por ele, um mapa do percurso de sua casa à escola.

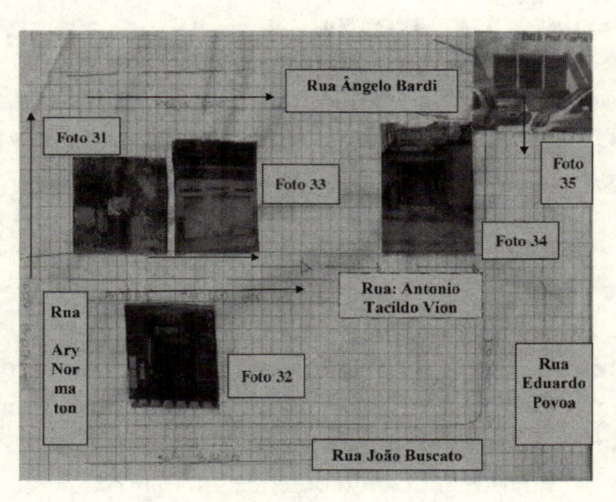

Figura 11 – Mapeando espaços

[12] A tarefa foi desenvolvida pelos alunos, individualmente, com as fotos produzidas pelo aluno Leo. Optamos por trazer o mapa produzido por Leo na tentativa de mostrar as potencialidades do registro fotográfico subsidiado pela escrita para a ampliação do conceito de percepção.

Ao estabelecermos uma comparação com o desenho (Figura 7) feito pelo Leo, identificamos que as fotos produzidas por ele dos pontos de referência representados na tarefa "Mapeando espaços" (p. 75) ilustram de maneira significativa o lugar onde ele mora. Dessa forma, se tivéssemos que chegar até a sua casa, essa seria a melhor opção. Tal fato se deve, possivelmente, às atividades realizadas em Geometria, em que disponibilizamos aos alunos algumas possibilidades de trabalho, como a identificação; a comparação de figuras geométricas; a discussão sobre pontos de referência; o estudo sobre retas paralelas e concorrentes; as representações por meio de desenhos; o uso da máquina fotográfica como ferramenta; e, ainda, a linguagem escrita.

Reiteramos que, durante essa tarefa, conforme anotação no diário de campo, o aluno Thomas comentou: *"Agora prô tem GPS*[13] *não precisa saber dessas coisas"* (d.c., 10 nov. 2009). Diante desse comentário, o argumento utilizado pela professora-pesquisadora foi de que é necessário saber os pontos de referência, a fim de que possamos explicar um determinado lugar para alguém e que nem sempre todas as pessoas dispõem dos recursos tecnológicos.

Apresentamos, a seguir, o mapa do bairro, com o objetivo de dar verossimilidade à tarefa "Mapeando espaços", desenvolvida pelos alunos. Oportunizamos também, aqui, respectivamente, o mapa e a história do bairro, com alguns dados básicos – ambos elaborados pela Secretaria Municipal de Planejamento e Meio Ambiente de Jundiaí – SP –, que trabalhamos com os alunos.

O encarte sobre o bairro foi apresentado pela professora-pesquisadora com o intuito de fornecer informações principalmente sobre a história dele, haja vista que muitos alunos não tinham essa informação. Esse foi também um momento importante, em que os alunos utilizaram o recurso da leitura nas aulas de Matemática e puderam familiarizar-se com o potencial do bairro.

---

[13] O Sistema de Posicionamento Global, popularmente conhecido por GPS (acrônimo do original inglês *Global Positioning System*, ou do português "geo-posicionamento por satélite"), é um sistema de navegação por satélite que fornece a um aparelho receptor móvel a posição deste. Fonte: <http://pt.wikipedia.org/wiki/Sistema_de_posicionamento_global>.

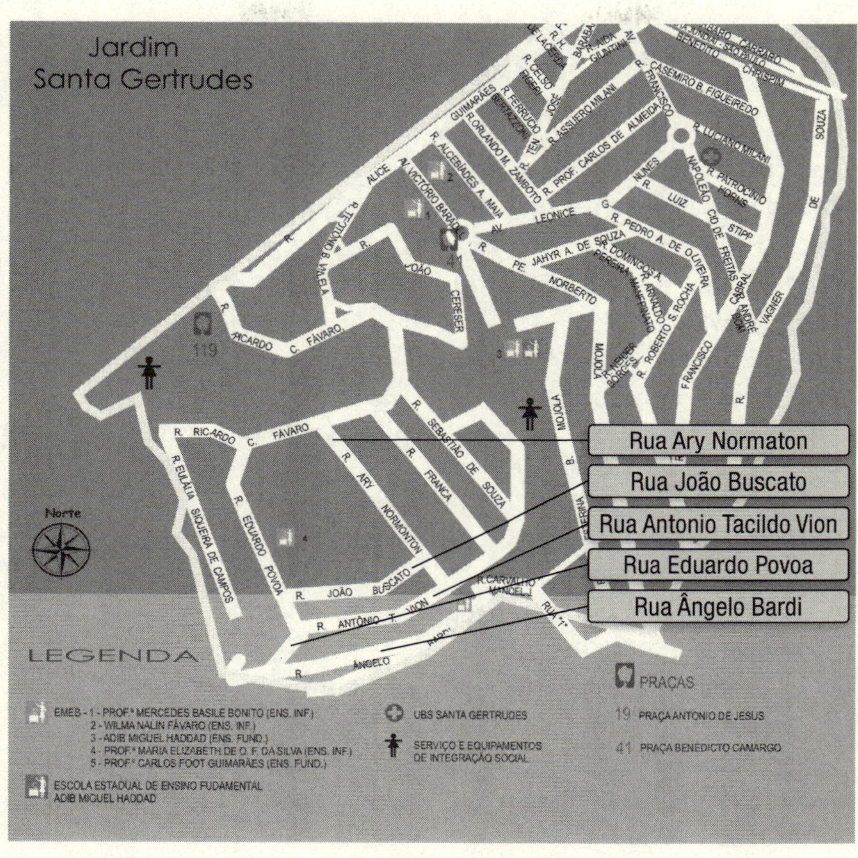

Figura 12 – Mapa do bairro Santa Gertrudes

Fonte: Secretaria Municipal de Planejamento e Meio Ambiente (Jundiaí - SP).

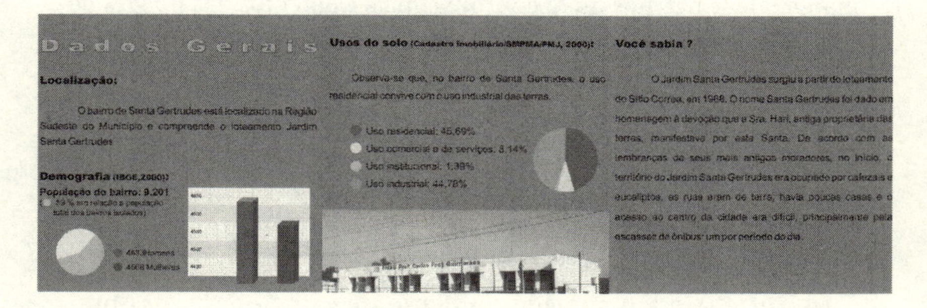

Figura 13 – Encarte sobre os dados gerais do bairro Santa Gertrudes

Fonte: Secretaria Municipal de Planejamento e Meio Ambiente (Jundiaí - SP).

Produção de um texto individual a partir do mapa construído

O objetivo dessa atividade foi verificar se o aluno Leo conseguiu ampliar a sua noção de espaço depois desse trabalho com Geometria. Ele produziu o texto a seguir.

> Eu moro com a minha mãe na rua: Antonio Tacildo Vion n 679.
> Estudo na escola Carlos Foot Guimarães que está localizada na rua: Angelo Bardi.
> O ponto de referência que eu falei é a mercearia Grosseli que fica perto da minha casa.
> A rua Antonio Tacildo Vion é paralela a rua João Buscato
> A rua onde eu moro é concorrente com a rua Angelo Bardi, Ary Normaton e Eduardo Povoa
> Para ir até à escola eu sempre passo do lado da praça e da *lan house* Top Point.
> Toda vez que tem vacinação de cachorros, eu vou vacinar o meu cachorro na rua João Buscato.
> A rua onde eu moro e a Eduardo Povoa passa o ônibus.
> Essa é a rua onde eu moro e os lugares próximos.
> (Leo, 25/11)

Comparando com o texto produzido inicialmente, em 24 de março, identificamos que Leo trouxe mais elementos das noções de espaço construídas por ele: ampliou a sua percepção espacial, utilizando um vocabulário apropriado para a Geometria.

Apontamos um recorte do texto: "Toda vez que tem vacinação de cachorros, eu vou vacinar o meu cachorro na rua João Buscato". A frase sugere que o aluno Leo estabeleceu uma noção espacial, atribuindo-lhe significado que, conforme texto apresentado nas páginas 68-69, não tinha anteriormente.

Outra questão anotada no diário de campo da professora-pesquisadora refere-se ao depoimento da aluna Eliane: *O prô no domingo eu vou num aniversário lá na rua da casa do Leo* (d.c., 25 nov. 2009).

Tal depoimento fez sentido para a professora-pesquisadora, na medida em que a aluna, ao se posicionar, provavelmente fez relação com a tarefa "Mapeando espaços", que realizaram na escola: ela estabeleceu uma relação espacial com o local aonde iria no domingo, o qual não era de sua vivência. Relacionar os conceitos geométricos com os conceitos cotidianos dos alunos é, segundo Usiskin (1994, p. 33), papel do currículo escolar. Para o autor:

> Embora a Geometria derive do mundo físico, suas ligações com esse mundo são ignoradas na maioria dos textos escolares elementares. E, mesmo quando encontradas nesses livros, as ligações da Geometria com o mundo real parecem não ter uma direção muito precisa. Ordenar essas ligações é um problema curricular não resolvido.

Em virtude de termos apresentado o desenho de Kauan em uma das tarefas, conforme Figura 10, optamos por apresentar também o texto produzido por ele após a tarefa "Mapeando espaços", em que ele utilizou as fotografias produzidas por Leo para elaborar o seu mapa. O objetivo era constatar se Kauan havia ampliado a sua noção espacial, tendo como referência a tarefa "Mapeando espaços". A seguir, o registro do aluno:

O L... estuda na E.M.E.B ....
Eu vou contar algo sobre algo das ruas perto da casa dele.
Quando L vai para a escola ele paca pela *lan house* e pela praça.
As ruas Angelo Bardi e Antonio Tacildo Vion são concorrentes porque no final das ruas elas vão se cruzar.
Ah! E do lado oposto da casa do L existe uma mercearia.
Do lado esquerdo da casa do L existia um terreno baldiu.
As ruas Ary Normaton é concorrente com a Antonio Tacildo Vion porque elas também se cruzam.
Ah! Na frase que eu escrevi que existia um terreno baldio, L reclama que o mato está quase invadindo a sua casa.
Essas são algumas informações sobre onde o L mora.
(Kauan, 25/11)

Kauan escreveu o texto, demonstrando com clareza as ideias que estabeleceu da noção de espaço. Muito provavelmente, a possibilidade de trabalhar com as fotografias e colocar a sua escrita em jogo permitiu-lhe uma ampliação de sua percepção espacial. Isso sugere uma apropriação do espaço concebido por ele.

Essas situações referem-se a uma única proposta, realizada em diferentes etapas, cada uma delas com novas abordagens, gerando atividades novas. Acreditamos que essa proposta evidencia a riqueza do movimento de percepção espacial pelos alunos.

O uso de diversas ferramentas – a escrita, o desenho e as imagens – possibilitou a emergência dos diferentes aspectos da aquisição da espacialidade pelos alunos. Houve indícios não apenas de que Leo passou a ter o trajeto de sua casa à escola como um espaço concebido, mas também de que outros alunos perceberam e representaram tal trajeto. No entanto, essa circulação de significados e sentidos só foi possível devido à intencionalidade do trabalho pedagógico da professora-pesquisadora. Isso reforça o pressuposto de que a prática pedagógica, numa perspectiva histórico-cultural, precisa partir do desenvolvimento real dos alunos, ativando desenvolvimentos próximos – a ZDP.

Para possibilitar esse trabalho em sala de aula, esbarramos em muitas dificuldades de ordem temporal (da imprevisibilidade), mas estávamos, sobretudo, imbuídas do desejo singular do prazer de oportunizar, de mobilizar e de permitir que os alunos pudessem construir conceitos acerca das noções de espaço e forma, para as quais vão atribuindo significados.

Capítulo VI

A leitura e a escrita: produzindo relatos, narrativas e cartas

Acreditamos que, embora os estudos de Powell e Bairral (2006) enfatizem a necessidade de propiciar momentos em que os alunos possam escrever nas aulas de Matemática, isso ainda não ocorre de forma intensa nas escolas. Supomos que tal prática ainda não tenha se consolidado em virtude da concepção de que as aulas devem ser regidas por listas extensas de exercícios, num processo permeado pelo mecanicismo e pela ideologia da certeza: os princípios adotados pelo professor se baseiam especificamente nos resultados, que devem ser necessariamente exatos e precisos. E isso impossibilita que os alunos busquem seus próprios caminhos. Essa ideologia perpassa, principalmente, os momentos de correções, em que o foco

> [...] está no "resultado" das atividades matemáticas dos alunos e não no que tinham em mente quando fizeram os cálculos [...]. Algumas dizem respeito a aspectos matemáticos, ao passo que outras se fundamentam em questões práticas de organização do processo educacional (Borba; Skovsmose, 2001, p. 136, grifo dos autores).

Para os autores, essa forma de agir e organizar as atividades matemáticas influencia a visão de mundo dos alunos, gerando uma visão absolutista da Matemática. Contrapondo-nos a essa ideologia, defendemos que a Matemática escolar seja dinâmica, pautada na dialogicidade entre professor e alunos e alunos entre si, mediada pela produção de significações.

Nesse sentido, apostamos na eficiência da leitura e da escrita nas aulas de Matemática – aqui, especificamente, no estudo da Geometria –, em que aluno e professor se mobilizam à procura de caminhos e alternativas para a resolução das tarefas propostas, com vistas a explicitar o movimento do pensamento em construção.

A escrita e a leitura colocam-se nesse processo como potencializadoras da aprendizagem do aluno, pois, como afirmam Powell e Bairral (2006, p. 27), "a escrita ajuda os alunos não só a adquirirem um vocabulário rico, como também a usarem no contexto da sua compreensão matemática".

Em nosso trabalho, ao propiciar que os alunos escrevessem nas aulas de Matemática, pudemos evidenciar um comprometimento maior com as tarefas e os processos de negociação entre eles, bem como deles com a professora-pesquisadora. Toda a incerteza, o fracasso e a angústia presentes no início do processo foram, gradativamente, substituídos pela possibilidade de desenvolver o pensamento matemático/geométrico, mobilizado pelo desejo de aprender.

Escritas sobre a mesma temática em diferentes momentos

O ponto de partida das tarefas aqui analisadas foi a proposta "Escreva sobre as suas lembranças das aulas de Geometria", realizada em 5 de março. O objetivo era que os alunos escrevessem sobre as lembranças que tinham das aulas dessa disciplina nos anos anteriores. Acreditávamos que essa escrita possibilitaria identificar o que eles sabiam sobre esse campo matemático, dando subsídios para a prática docente.

Essa atividade foi retomada em dois outros momentos: em 22 de junho, quando os alunos voltaram ao texto produzido no início do ano letivo e escreveram as modificações que julgaram necessárias; e em 14 de outubro, quando, no relato "minhas aulas de Geometria", reportaram as experiências vividas durante as aulas.

Inicialmente, traremos dois casos relativos às produções dos dias 5 de março e 22 de junho. O primeiro deles é o do aluno Kelvin. Em sua produção inicial, ele escreveu:

> Primeiro todas as figuras geométricas são totalmente diferentes uma da outra.
> Por exemplo o triângolo eu acho que ele tem os lados iguais. O cone é quase igual o triângulo, mais o cone é um pouco maior que o triângulo.
> O losando é também quase igual o quadrado, só que ele tem também é quase igual ao retângolo porque ele tem 2 lados diferentes e dois lados iguais.
> (Kelvin, 05/03)

O que podemos constatar na escrita desse aluno é um conhecimento baseado nas figuras planas: quando ele se refere ao sólido geométrico "cone", também o identifica como muito parecido com o triângulo. Essa escrita corrobora a afirmação de Nacarato, Gomes e Grando (2008, p. 29): "No que diz respeito à imagem mental, também ficou evidente que o conceito geométrico é sempre figural, ou seja, a palavra por si evoca a imagem. Por exemplo, a palavra triângulo evoca-nos a imagem de uma figura de três lados e três vértices". Assim, para esse aluno, a figura do triângulo era familiar, a ponto de identificar o cone parecido com ele; no entanto, a imagem, por si só, não garante o conceito. Este é sempre dado pela sua definição que, apoiada no aspecto figural, possibilita a formação do conceito.

Depois desse primeiro contato com os alunos sobre as suas lembranças em Geometria, começamos a usar a máquina fotográfica, produzindo fotografias e textos a partir dessas imagens; a utilizar materiais didáticos, planificações, desenhos; a manipular sólidos geométricos; e a realizar tarefas do livro didático. Para isso, constituímos um ambiente de interações entre os alunos, com as mediações da professora-pesquisadora.

Reportamo-nos aos materiais didáticos como recurso para esse ensino, e concordamos com Pais (2000) quanto à importância de seu uso nas aulas dessa disciplina para que o aluno possa avançar na elaboração dos conceitos geométricos, pois essa utilização está intimamente ligada aos aspectos da instrução, da mediação, do uso de recursos didáticos e da escrita, e também da intervenção realizada pelo professor.

Após esse movimento, decidimos retomar a tarefa realizada no dia 5 de março. De posse do texto produzido no início do ano, os alunos puderam lê-lo e fazer alterações, caso julgassem necessárias. Ao reescrevê-lo, produziram um outro texto. Kelvin escreveu:

> Quando nós viamos alguns objetos geométricos, nós não viamos as faces, as bases, as arestas, face lateral, nós só víamos a frente do objeto.
> (Kelvin, 22/06)

Ao retomar os seus escritos, Kelvin revelou outras percepções dos objetos tridimensionais, identificando os elementos dos sólidos geométricos – e não apenas as faces na vista frontal. Muito provavelmente, as suas imagens e os seus conhecimentos, especificamente sobre os sólidos geométricos, já não eram mais os mesmos do início do ano letivo, em virtude das tarefas realizadas e do movimento constituído em sala de aula. Houve, por parte de Kelvin, uma reflexão sobre sua própria aprendizagem. Como nos diz Van de Walle (2009, p. 108):

> Quando os estudantes escrevem, eles podem primeiro parar e pensar. Eles podem incorporar desenhos e simbolismos para ajudar a transmitir suas ideias. Eles podem pesquisar uma ideia ou rever um trabalho relacionado para ajudar e reunir ideias. Todo esse processo forma um pensamento reflexivo muito poderoso e deliberado.

Apresentamos aqui um outro registro feito por Kelvin, que evidencia a produção de significados para alguns conceitos geométricos. Trata-se do *Jornal da Geometria,*[14] que foi entregue aos participantes – inclusive os pais dos alunos – do fórum que realizamos na escola, em que fizemos uma discussão sobre Geometria. O jornal era

[14] Nessa tarefa, cada aluno pôde produzir o seu jornal. Em seguida, a professora-pesquisadora realizou a leitura de todos eles e foi retirando as frases de diversos alunos para compor o jornal que seria entregue aos pais.

composto por quatro seções: "Você sabia?", "Descubra o enigma!", "Cruza-geométrico" e "O que é o que é?". Trazemos algumas frases elaboradas por Kelvin nas seções do jornal:

> Que o retângulo é um paralelogramo – ("Você sabia?")
> A pirâmide triangular tem quatro faces – ("Descubra o enigma")
> O cone tem base circular. ("O que é o que é?")
> (Kelvin, 30/11)

Os escritos de Kelvin revelam que ele já tinha alguns conhecimentos sobre a Geometria, conforme descrito por ele no registro do dia 5 de março, embora usasse as palavras apenas para nomear os objetos. No entanto, o que lhe possibilitou ampliar os seus conceitos foram as oportunidades dadas a ele na escola, que lhe permitiram um processo de significação que o aproximou dos conceitos científicos. Conforme apontam Góes e Cruz (2006, p. 35):

> Os conceitos científicos, que no início de seu desenvolvimento são esquemáticos e desprovidos da riqueza advinda da experiência, ganham vitalidade e concretude em sua relação com os conceitos espontâneos. Por outro lado, as características do processo de construção de conceitos científicos transformam os espontâneos em termos de sistematicidade e reflexividade.

A aquisição de tais conceitos ocorre de forma singular a cada aluno, mas ele não pode prescindir da instrução, como postula Vygotsky. Ou seja, cabe à escola trabalhar os conceitos científicos, pois seu processo de formação ocorre na prática pedagógica, e a "atenção orienta-se para a relação de um conceito com outros, num sistema que implica uma nova estrutura de generalização, configurada pela hierarquia de relações supra-ordenadas [*sic*], subordinadas e coordenadas" (Góes; Cruz, 2006, p. 35). Quando Kelvin diz que "o retângulo é um paralelogramo", já consegue estabelecer uma hierarquia entre os conceitos, numa relação de inclusão de classe. Acrescente-se a isso o fato de que o uso de termos geométricos já é uma condição para a elaboração do pensamento Geométrico.

Outro caso de escrita selecionado para esta análise foi o de Lourdes. Ela, no primeiro texto, escreveu:

> Já fiz atividades de Geometria, fiz varios dezenho das formas geométrica, é bastante divertido. Em muitas casas tem guarda-roupas retangulares.
> (Lourdes, 05/03)

No registro posterior, ela escreveu:

> Fiquei sabendo, que, a porta da classe não é um retângulo e sim um prisma retangular como o armário.
> (Lourdes, 22/06)

No primero registro, Lourdes referiu-se às suas lembranças e fez referência aos desenhos realizados nas aulas de Geometria, mas sem conseguir nomeá-los. O registro do dia 22 de junho sugere um movimento de elaboração conceitual. Ela conseguiu distinguir objetos bidimensionais e tridimensionais. Tal fato ocorreu, muito provavelmente, em razão de ela ter tido a oportunidade de realizar tarefas voltadas para a manipulação, a exploração de objetos e os registros escritos, em que discutiu as propriedades dos sólidos geométricos – prática pautada num trabalho tal como sugerido por Nacarato e Passos (2003, p. 70): "Defendemos que o ensino de Geometria deve-se pautar pelo trabalho simultâneo com o objeto, o conceito e o desenho, destacando os aspectos figurais e conceituais das figuras geométricas".

Vislumbramos também a relevância do registro escrito, pois permite ao aluno explicitar o processo de elaboração conceitual, dando indícios de avanços, falsas concepções e equívocos, o que possibilita novas ações por parte do professor.

Na atividade "Minhas aulas de Geometria", realizada em 14 de outubro, os alunos relataram as experiências vividas ao longo do ano. Trazemos, no Quadro 1, fragmentos das produções de três alunas, numa perspectiva comparativa entre o que haviam escrito no início do ano (5 de março) e o que registraram ao final (14 de outubro).

Quadro 1 – Registro das alunas nas produções dos dias 05/03 e 14/10

Data 05/03	**Data 14/10**
Raquel Minha comôda é retangular	Eu só via a imagem da frentes das formas, não via as arestas, vértice, face e a base que são figuras planas. A professora também falou que as formas geométricas são imaginárias sem agente ela não existe.
Sara: O armário da professora é quadrado	Aprendi que as formas geométricas estão só nas nossas cabeças
Thais Também bem eu vejo nos supermercados que a laranja e redonda.	As aulas de Geometria que a professora Cleane ensinou para mim, me ajudou a prestar atenção nas coisas que estão ao redor.

Esses fragmentos trazem indícios de como as alunas mudaram suas percepções quanto à Geometria, suas relações com o cotidiano e a compreensão de que os conceitos geométricos são abstratos. Além de haver ali um vocabulário geométrico, misturam-se a ele as sensações dos alunos, como o registro de Thaís: “me ajudou a prestar atenção nas coisas que estão ao redor”. Essa frase remeteu-nos à importância desse ensino nos anos iniciais, o que pode levar os alunos a ampliar as noções de espaço e, intrinsecamente, a sua relação com o mundo.

Percebemos avanços significativos nas questões que tangem aos conceitos geométricos. Reiteramos que cada aluno avançou dentro de suas potencialidades, haja vista a heterogeneidade de saberes que se tem em sala de aula.

O processo de escrita nas aulas de Matemática demanda esforço contínuo por parte do professor, pois há necessidade de dar uma devolutiva aos alunos, apontando seus progressos e suas lacunas. É importante também destacar certa resistência inicial à escrita por parte dos alunos, pois eles não foram preparados para escrever nas aulas de Matemática; no entanto, se houver um compromisso de ambas as partes, essa se transforma em uma tarefa prazerosa.

Quando o professor solicita uma tarefa de escrita aos seus alunos, é necessário informá-los de que terão um leitor que dará a atenção devida ao seu texto e fará considerações sobre ele. Essa dinâmica torna-se extremamente relevante, na medida em que esse registro escrito oferece ao professor indícios dos acertos e dos equívocos do aluno, permitindo uma intervenção adequada. Nesse movimento, os alunos sentem-se motivados e encorajados a melhorar a escrita e, consequentemente, a ampliar o seu potencial matemático.

Importa destacar também a necessidade de propiciar que os alunos realizem tarefas matemáticas e identifiquem possibilidades de inserir, nos gêneros textuais, situações que envolvam o pensamento matemático. Powell e Bairral (2006, p. 27) apontam: "Ao proporcionar aos estudantes oportunidades para trabalharem com conceitos e termos matemáticos, a escrita ajuda-os também a tornarem-se mais confiantes na matemática e a engajarem-se no material aprendido mais profundamente".

Além disso, na escrita, é possível identificar como os conceitos estão sendo elaborados, quais os sentidos que os alunos atribuem aos termos usados.

Possibilitar que as aulas de Geometria sejam pautadas em tarefas exploratórias e subsidiadas com a leitura e a escrita em Matemática propicia que os alunos explicitem os seus saberes e que o professor possa avaliar sua prática. O pensamento matemático é intensificado quando os alunos são estimulados a refletir sobre as suas experiências matemáticas – o que é possibilitado pela escrita.

As aventuras do Prismolíndio e do Piramilíndio: A escuta atenta da professora-pesquisadora e a importância do diário de campo em sala de aula

Recordar todos os detalhes acontecidos em uma aula não é tarefa fácil. No entanto, a professora-pesquisadora lembra-se do dia em que, caminhando pela classe durante a aula de Geometria, ouviu a manifestação do aluno Caio: "*A aula de Geometria é uma aventura*" (d.c., 16 jun.).

O diário de campo foi utilizado durante todo o processo. Ele possibilita ao pesquisador registrar as suas observações, refletir sobre as ações e projetar a tomada de novas decisões, principalmente quando o pesquisador é também o professor da sala de aula. Assim, concordamos com Nacarato, Mengali e Passos (2009, p. 43): "O movimento de comunicação e de negociação de significados exige registro escrito – tanto do aluno sobre a sua aprendizagem quanto do professor sobre sua prática".

O professor que escreve sobre a sua prática em sala de aula faz uma autoavaliação, num processo contínuo que propicia ressignificar as suas concepções e, concomitantemente, interagir com os alunos e possibilitar a produção de significados, como defendem Nacarato e Lopes (2009, p. 41): "Da mesma forma que ocorre com o aluno, o professor, ao escrever sobre sua própria aprendizagem, organiza suas ideias, revê crenças e concepções e, geralmente, projeta novas ações para a sua prática docente".

Assim, a fala do aluno mobilizou a professora-pesquisadora para uma nova proposta à classe: a elaboração de uma narrativa de aventura geométrica intitulada "As aventuras do Prismolíndio e do Piramilíndio". Combinamos com os alunos que, na trama da narrativa, deveriam aparecer elementos geométricos estudados nas aulas de Geometria. Definimos com eles que o Prismolíndio seria um prisma, e, o Piramilíndio, uma pirâmide; e lhes entregamos as planificações de um prisma e de uma pirâmide realizadas em aulas anteriores, além de um folheto com o desenho desses poliedros.

Vale ressaltar que o que desejávamos com a tarefa era que os alunos pudessem escrever um bom texto e que este fosse utilizado para compor o livro da escola, *Histórias valiosas*, ao final do ano. A confecção desse livro refere-se ao produto final do projeto institucional, criado em 2008 pela equipe gestora, cujo intuito é a publicação de um livro ao final do ano com uma coletânea de textos de todos os alunos da escola. Os objetivos centrais do projeto são estimular os alunos para a produção de textos na escola, possibilitar a constituição de um público leitor e ainda garantir que os alunos disponham de um material de leitura, uma vez que a grande maioria não possui acervos de livros em suas casas.

O resultado da proposta de escrita dos textos foi surpreendente. Isso fez com que a professora-pesquisadora decidisse com a classe que realizaria a leitura de todos os textos produzidos, para que os próprios alunos pudessem conhecer o trabalho de seus amigos. A leitura foi realizada em três dias e, a cada dia, era feita uma votação daqueles de que os alunos mais gostaram, embora todos os textos, em maior ou menor intensidade, apresentassem conexões com as aulas de Geometria, trazendo em destaque as propriedades dos sólidos. Ao final, foram selecionados seis textos para serem publicados no livro *Histórias valiosas*, o que gerou mais uma etapa de exploração desses escritos em sala de aula.

A partir dos textos selecionados, realizamos, de forma coletiva, a sua revisão em sala de aula, com a preocupação de manter sua originalidade e atentos também às convenções da escrita em língua portuguesa e às da matemática. Para Nacarato e Lopes (2009, p. 40): "A intervenção do professor é fundamental. O aluno precisa ter um retorno do texto que produziu para que possa fazer a sua reescrita e avaliar como está o seu processo – tanto da escrita quanto do aprendizado matemático".

Trazemos duas dessas narrativas, com vistas a evidenciar o movimento de elaboração de conceitos geométricos. Uma delas foi produzida pelo aluno Gerson (em 17 de junho):

As aventuras dos amigos Prismolíndio e Piramilíndio

Prismolíndio e Piramilíndio são amigos. Eles se conheceram em um concurso de Matemática na Flórida.

Eles são muito diferentes um do outro. O Prismolíndio é um prisma quadrangular com 6 faces, 8 vértices e 12 arestas. O Piramilíndio é uma pirâmide triangular com 4 faces, uma base, 4 vértices e 6 arestas.

Os pais de Prismolíndio se chamam Cilindria e Encubado, um cilindro e um cubo.

Os pais de Piramilíndio se chamam Madame Pentagonal e Bolão, um é o prisma e o outro uma esfera.

Todos eles já passaram por muitas aventuras, vou contar uma delas.

Uma vez, o Prismolíndio e Piramilíndio foram à França e aconteceu um acidente aéreo. O prisma acabou perdendo 2 arestas, e a pirâmide perdeu 2 faces com a despressurização.

Para sorte da Geometria todos foram socorridos e conseguiram manter as suas propriedades.

Figura 14 – Texto do aluno Gerson (Santos, 2011)

O que podemos observar nessa escrita? Ao escrever a história, Gerson identifica que o prisma e a pirâmide são diferentes; consegue reconhecer seus elementos: faces, arestas e vértices; utiliza o vocabulário geométrico; e ressalta, ao final, a palavra *propriedade*, extremamente importante quando estamos trabalhando com os conceitos geométricos. De acordo com Curi (2009, p. 142):

> Em sala de aula, o desenvolvimento de atividades que permitam a comunicação dos alunos permite a construção de um ambiente de aprendizagem solidário, cooperativo, em que os alunos vão se apropriando da linguagem matemática, à medida que descobertas e dúvidas são socializadas nas atitudes de ouvir colegas e professor e expor suas próprias ideias.

Além disso, o aluno incorpora em sua história fatos do seu cotidiano. É importante destacar que, no momento da produção desse texto, uma notícia estava repercutindo intensamente na mídia: o trágico acidente aéreo com a aeronave da *Air France*, que havia partido do Brasil com destino à França e caído no oceano em 2009. Assim, a notícia acabou sendo trazida de forma indireta na produção desse texto, bem como no da maioria dos alunos.

Outra produção aqui destacada é a da aluna Cinthia (em 17 de junho).

As aventuras dos amigos Prismolíndio e Piramilíndio

Prismolíndio era um professor de Matemática e Piramilíndio estava ainda estudando, os dois moravam no mundo sólido da Geometria.

Os dois eram bons amigos e não brigavam, pois temiam que pudessem, através de uma maldição, serem transformados em ratos e nunca mais pertencerem ao mundo geométrico.

Prismolíndio era o meu professor de Matemática. Ele era bastante simpático, tinha o formato de uma prisma quadrangular e dominava Geometria como ninguém.

Eu sempre tive a curiosidade da sabde de onde ele era, mas sempre disfarçava e mudava de assunto.

Muitas vezes, após o término da aula o Prismolíndio me chamava para conversar e ficávamos horas e horas trocando ideias matemáticas.

Certo dia, eu fui convidada a ir até a sua casa e vi como o mundo da Geometria é interessante. Prismolíndio disse-me que esta em uma missão importante.

Em sua casa conheci o Piramilíndio, um sólido geométrico com a forma de pirâmide, extremamente simpático e carinhoso. Logo que pude estar a sós com ele, perguntei-lhe sobre o que era a tal missão que tanto o prisma falava todos os dias.

A pirâmide contou-me que duas pessoas que odiavam a Geometria estavam em um avião e nele só haviam botões geométricos esparramados por todos os cantos e queriam destruir o avião com aproximadamente trezentas pesssoas. Eu prontamente disse que caso precisassem, estava disposta a ajudá-los na missão.

O prisma e a pirâmide logo que viram o avião pousar em um aeroporto perto dali, saíram correndo em direção ao avião e eu fiquei aguardando do lado de fora. Olhei para a porta do avião e levei um susto, identifiquei a presença de um prisma do mau e uma pirâmide do mau. Ambos estavam vestidos com um enorme blusão vermelho e muitas flechas.

Eu pensei em avisá-los, mas um deles acabou me puxando pelo braço. O Prismolíndio e o Piramilíndio logo percebendo o que havia ocorrido, conseguiram me salvar e ajudar todos os que estavam dentro do avião.

Então, eu, o prisma e a pirâmide fomos todos para a casa e chegando lá aceitei o convite para ser transformada em cilindro e juntos formamos um trio que combate o mal e ainda ajuda as pessoas aprenderem Geometria.

Figura 15 – Texto da aluna Cinthia (Santos, 2011)

Cinthia produziu um texto narrativo permeado pelo imaginário e, nas entrelinhas, defende o mundo sólido da Geometria. Demonstrou curiosidade em conhecer esse mundo e, ao final da história, mediante tal encantamento, consegue fazer parte dele, transformando-se em um cilindro.

Dando prosseguimento ao trabalho, sugerimos que ilustrassem as histórias. Assim, os alunos fariam do desenho importante instrumento de construção de imagens mentais, indispensáveis na elaboração conceitual em Geometria. Isso porque, no processo de elaboração do pensamento geométrico, como defende Pais (1996), são imprescindíveis quatro elementos inter-relacionados: o objeto, o desenho, a imagem mental e o conceito.

Assim, o desenho, de natureza mais abstrata que o objeto – modelo real construído para o trabalho com os sólidos geométricos –, mas tão importante quanto, possibilita que as imagens mentais comecem a ser constituídas, o que dará suporte para a formação dos conceitos. Esses elementos, num movimento dialético, possibilitam que o pensamento geométrico se desenvolva. Ao realizar um desenho, o aluno precisa pensar no objeto como um todo e colocar os elementos que possam ajudar o leitor a interpretar a figura como aquela a qual o autor quer dar a conhecer.

Evidentemente, para uma narrativa como a que foi proposta, os desenhos que eles produziriam estariam relacionados à própria história. No entanto, identificamos que a maioria deles desenhou prismas e pirâmides para ilustrar seus textos. A título de exemplo, trazemos o desenho produzido pela aluna Cinthia para a sua história, evidenciando a ideia de perspectiva na representação dos dois poliedros.

Figura 16 – Desenho da aluna Cinthia (Santos, 2011)

A tarefa, como um todo, revelou-se extremamente rica, por possibilitar aos alunos o trabalho com as diferentes linguagens: a textual, a geométrica e a pictórica. Acreditamos ser imprescindível estreitar os laços da língua materna com a matemática e, à medida que as aproximamos, nossas ações se tornam mais relevantes e potencializadoras, permitindo ao aluno a elaboração de conceitos matemáticos. No ato da escrita, o aluno pensa sobre sua própria aprendizagem, uma vez que precisa colocar no texto todos os elementos que facilitam sua comunicação com o leitor: o vocabulário correto, o encadeamento de ideias, as definições e as representações relacionadas ao conceito que está sendo objeto da produção.

Não há como desconsiderar que a produção dessa narrativa ocorreu após todo um trabalho já realizado com os alunos – tanto na manipulação de objetos reais quanto na produção de imagens com a máquina fotográfica.

A escrita de cartas possibilitando a comunicação de ideias

Ao propiciar que os alunos façam uso da linguagem escrita como instrumento de compartilhamento de ideias sobre o movimento de aprender Geometria, possibilitamos-lhes também a construção de um ambiente de múltiplas interações e trocas de informações e conhecimento.

As interações na sala de aula estiveram presentes durante todo o trabalho. Tal fato se deveu, muito provavelmente, ao ambiente ali criado: os alunos puderam interagir nos grupos que foram constituídos. A escrita contribuiu para que essas interações acontecessem, pois eles trocaram ideias – nos trabalhos em grupo, nos momentos de reescrita coletiva de textos, nas trocas de textos entre eles, nas discussões coletivas em classe nos momentos de socialização; e com a professora-pesquisadora, nos diálogos estabelecidos em sala de aula, nas escritas e nas respectivas devolutivas. Isaac (1994 *apud* Alrø; Skovsmose, 2010, p. 120) assim se refere ao papel do diálogo:

> Durante o processo de diálogo, as pessoas aprendem a pensar junto não apenas no sentido de analisar um problema comum que envolve criar conhecimentos comuns, mas no sentido de

> preencher uma sensibilidade coletiva, na qual pensamentos, emoções e ações decorrentes pertencem não a um único indivíduo, mas a todos ao mesmo tempo.

O professor, ao propiciar esse movimento interativo, estabelece um intercâmbio pautado no diálogo, em que os alunos se sentem à vontade para expressar os seus processos de pensamento. Dessa forma, como afirmam Nacarato, Mengali e Passos (2009, p. 78): "Quanto mais possibilidades os alunos tiverem para comunicar as suas ideias, maior acesso o professor terá ao processo de aprendizagem deles".

Dentre os diferentes momentos em que os alunos puderam compartilhar suas ideias, consideramos que um dos pontos de destaque foram as cartas produzidas por eles. Optamos por solicitar aos alunos uma modalidade epistolar específica: uma carta a um colega, contando como foram as aulas de Geometria em 2009.

Colocar os alunos no movimento da escritura de cartas foi um desafio muito grande, uma vez que esse gênero textual quase não é mais utilizado, em virtude da propagação da internet nos ambientes virtuais de salas de bate-papo, assim como de *e-mails*. No entanto, pesquisas como as de Barbosa, Nacarato e Penha (2008) apontam que é um gênero textual para o qual os alunos se mobilizam, no qual expressam humor e expõem suas aprendizagens matemáticas. Isso também se evidenciou no nosso trabalho.

Escrevendo a um colega sobre as aulas

Os alunos da sala foram convidados a escrever para um estudante da própria escola contando como foram as aulas de Geometria no decorrer do ano. Reiteramos que, caso não fosse possível escrever a carta para alguém, eles poderiam criar um personagem imaginário. Dissemos-lhes que não se preocupassem caso não recebessem a resposta para suas cartas, pois esse tipo de tarefa não é muito frequente na escola, especialmente na aula de Matemática. Combinamos com os alunos da sala um prazo para a devolução das respostas das cartas dos amigos e sugerimos uma socialização das cartas recebidas com os alunos da classe.

Trazemos, inicialmente, a carta produzida pela aluna Hellen, que havia sido alfabetizada no início do ano letivo 2009 e ainda apresentava problemas com a produção textual. Hellen quase não conversava em sala de aula, porém não se intimidou para escrever a carta para a sua amiga Vanessa, que cursava o primeiro ano na mesma escola.

> Cara amiga do primeiro ano A. estou escrevendo essa carta para ti dizer uque eu apredi sobri minha aulas de Geometria.
>
> Minha professora ceparou em grupo i depois deu a máquina fotografia para nós fazer nosso trabalho eu aprendi um monti di coiza sobre Geometria.
>
> A minha professora também pediu para nós vaser uma produção de texto sobre o prisma etc.
>
> (Hellen, 25/11)

A amiga de Hellen, atendendo à solicitação, respondeu à carta.

> Eu achei muito legal u céu texto
>
> Eu acho qui você aprendeu muito.
>
> Cando eu tive na 4 seri vou quere cai na sua sala.
>
> Para a tira foto i fazer bonecos como Prismadido e o Silindro.
>
> (Vanessa, 26/11)

O que podemos identificar nessas escritas? Além de um processo de interação entre as amigas, houve também uma troca de informações fornecidas pela aluna Hellen sobre as aulas de Geometria, destacando: o trabalho em grupo, o uso da máquina fotográfica e a produção de textos. Esse trinômio de ações revelou-nos o movimento da sala de aula.

Vanessa, em seu registro, fez referência às "Aventuras do Prismolíndio e do Piramilíndio", embora a aluna Hellen não tenha escrito sobre isso na carta. Muito provavelmente, Hellen, em outro momento de comunicação com Vanessa, havia contado para a amiga sobre essa tarefa e sobre o significado atribuído a ela.

Hellen não apresentou detalhes sobre os conceitos geométricos; no entanto, atingiu o que havia sido proposto: explicou para a amiga como aconteceram as aulas de Geometria. Como afirma Carvalho (2005, p. 33):

> A falta de competências verbais dos alunos menos competentes nas aulas de matemática verifica-se ser, muitas vezes, uma falsa questão, uma vez que quando são confrontados com outro tipo de tarefas, instruções de trabalho e contratos (didácticos ou experimentais), estes alunos revelam ter competências que os professores não conseguem identificar em aulas com um contrato didáctico tradicional.

Assim, além de propiciarmos esse intercâmbio de informações entre elas por meio da carta, permitimos que a aluna descrevesse o movimento da sala, o que talvez não tivesse sido possível com a realização de uma lista de exercícios que privilegiasse somente a técnica, com as marcas do "certo" ou "errado", num absolutismo burocrático. Ou seja, "o absolutismo da sala de aula vem à tona quando os erros (dos alunos) são tratados como absolutos: 'Isto está errado!', 'Corrija essas contas!'" (Alrø; Skovsmose, 2010, p. 22). Dessa forma, estávamos desafiando a ideologia da certeza, como defendem Borba e Skovsmose (2001, p. 148); e, segundo eles, uma maneira de desafiar seria mudando

> [...] a prática de sala de aula pela introdução de uma paisagem de discussão de natureza caótica, em que a relatividade, os pontos de partida provisórios, os diferentes pontos de vista e a incerteza são valorizados. Desafiar essa ideologia também é desafiar o próprio poder formatador da matemática.

A aluna Rayssa escreveu a seguinte carta para a amiga Milena, do quarto ano:

Cara amiga

Eu estou mandando esta carta para ti falar sobre oque eu aprendi com a professora Cleane. E ti avisar se você caí com ela você vai ter uma sorte danada.

O meu grupo de Geometria era o G2 as pessoas do meu grupo é o: Lucas, Luís, Gustavo e eu. Também teve vezes que não foi em grupo foi em individual.

Mais uma coisa que eu achei interessante foi a confiança que a professora deixou a máquina fotográfica. Cada dia de aula de Geometria a gente tinha uma produção de texto diferente e interessante.

O conteúdo de Geometria foi muito interessante porque a maioria das coisas eu não sabia e também a atividade que eu mais gostei foi a parte da fotografia, eu gostei de tudo.

Momentos que eu mais gostei que eu fiquei com alegria foi poder trabalhar em grupo. Eu não tive angustias e nem tristesa.

E os sentimentos foi responsabilidade, coração, vonta e a alegria.

Espero que você caia com a Cleane beijos

Ra

(Rayssa, 25/11)

A amiga Miriam respondeu:

Ra gostei muito dessa carta sobre a Geometria gostei e achei achei muito intereçante eu sei que vou cair com Cleane essa carta quer também dizer que você na 4º série aprende Geometria. Geometria gostei de saber sobre a Geometria eu sei que vou aprender muito sobre Geometria gostei de aprender.

Assinado: Mi

Para Ra muito obrigado

(Miriam, 26/11)

Rayssa, em sua carta, traz as palavras: "confiança", "vonta"[15] e "alegria", que são indícios dos sentimentos vivenciados por ela durante as aulas. Isso significa que o professor pode fomentar tais sentimentos em suas aulas, para que os alunos se sintam motivados.

Uma terceira carta aqui trazida é a de Marcelo:

> Caro amigo
>
> Agora eu vou contar ao meu amigo Vítor como foram aulas de Geometria.
>
> Todos nós trabalhamos em grupo, havia grupo de 4 a 6 pessoas. Meu grupo havia 4 pessoas.
>
> Trabalhamos também individualmente. Também foi muito legal.
>
> Todos nós usamos a máquina fotográfica, pois fotografamos prismas e figuras planas.
>
> Com a folha de fichário escrevíamos textos sobre Geometria.
>
> Quando começamos a fazer a carta a professora lia e respondia e nós líamos e respondíamos.
>
> A atividade que mais gostei foi fotografar o piso, medir o perímetro.
>
> A que menos gostei foi a primeira aula com a máquina fotográfica.
>
> Essas foram as minhas aulas de Geometria.
>
> Tchau Abraços
>
> (Marcelo, 25/11)

A carta de Marcelo traz o percurso desenvolvido durante as aulas e o processo de leitura e escrita nas aulas de Geometria, bem como as ações mediadas pela professora com os alunos. Evidenciou-se a satisfação descrita por ele com a aula de Geometria.

Quanto ao fato de Marcelo não ter gostado da primeira aula com a máquina fotográfica, acreditamos que tal afirmação faça sentido, na medida em que, no início das tarefas, tudo era muito novo para

[15] A aluna omitiu uma sílaba. Onde se lê "vonta", muito provavelmente, seria "vontade".

todos, gerando, portanto, insegurança. Entendemos tal processo como se estivéssemos em uma zona de risco[16] (Borba; Penteado, 2001).

Marcelo escreveu a carta para o seu amigo Vítor; no entanto, segundo o relato do remetente, não foi possível entregá-la a seu destinatário. Diante dessa impossibilidade, o aluno endereçou a carta a sua mãe. Ela respondeu:

> Jundiaí, 28 de novembro de 2009
>
> Caro ...
>
> Adorei seu trabalho de Geometria, foi muito legal.
> Mesmo porque quando estudava, somente tínhamos aula em sala, agora os professores diversificam as aulas, como essa que você fez, fico feliz que assim voceis aprendem mais, como trabalhar em grupo e individual e também, sair fora da sala de aula para fazer trabalhos externos. Parabéns.
>
> (Mãe de Marcelo, 28/11)

A carta respondida pela mãe trouxe-nos muitos indicativos. O primeiro deles remeteu-se à própria vivência escolar dela, em que as aulas aconteciam exclusivamente na sala de aula. O segundo aspecto mencionado pela mãe do aluno está na frase "os professores diversificam as aulas, como essa que você fez". Isso, de certa forma, talvez tenha sido evidenciado no processo vivido pelo seu filho, pois a mãe de Marcelo participa da vida escolar dele – fato constatado ao longo do tempo em que Marcelo foi nosso aluno. Por último, ela se referiu ao trabalho em grupo e à saída da sala para execução de tarefas. Na primeira reunião de pais foi comunicada a realização desse trabalho – e dessas atividades diferenciadas – com os alunos, o que não gerou estranhamento por parte dos pais. Retomando a frase "saída da sala", escrita pela mãe, reportamo-nos às assertivas de Skovsmose (2008, p. 33): "[...] diferentes ambientes podem ajudar a atribuir novos significados para as atividades dos alunos".

[16] Na zona de risco, destacam-se a imprevisibilidade e a incerteza. O surgimento de situações inesperadas é uma constante e o professor deve estar preparado para enfrentá-las.

Capítulo VII

Zoom: potencialidades reveladas pelo uso da máquina fotográfica e da escrita em sala de aula... o que ficou?

Este trabalho demonstrou as potencialidades do uso da fotografia e da escrita em sala de aula para o ensino de Geometria. Para a professora-pesquisadora, que trazia lacunas conceituais em Geometria advindas do próprio movimento do ensino dessa disciplina no Brasil e da sua ausência nos cursos de formação, este trabalho possibilitou a apropriação de saberes conceituais e pedagógicos.

Rompemos com um ensino de Geometria convencional, ou seja, possibilitamos aos alunos, a partir do próprio espaço escolar vivido no cotidiano, pensar geometricamente. Esse fato evidencia-se, especialmente, nas saídas da sala de aula para fotografar e no trabalho colaborativo que foi constituído com os alunos e a professora.

Acrescente-se a isso, a disponibilidade do trabalho com um recurso tecnológico – a máquina fotográfica, hoje em dia muito presente no cotidiano das pessoas. Isso pode ser comprovado, especialmente, nas redes sociais: basta um clique e as imagens compartilhadas ganham uma circularidade em frações de segundos. Também o celular, muitas vezes, conta com o recurso da câmera, e hoje está muito próximo dos alunos. Dessa forma, a tecnologia se coloca à nossa frente, e a escola não pode deixar de inseri-la no seu cotidiano – e na academia – como instrumento de pesquisa. No entanto, tal inserção na escola requer um trabalho planejado; a tecnologia por si só não é suficiente.

Acreditamos que a fotografia tenha se tornado elemento sedutor em sala de aula: encantou e desestabilizou. Encantou pela possibilidade de os alunos saírem do espaço delimitado da sala de aula e compreenderem que há outros ambientes de aprendizagem na escola. Para alguns deles, segundo depoimentos, essa foi a primeira oportunidade que tiveram de conhecer a escola em seus detalhes, pois fotografar exige um foco, algo que chame a atenção e valha a pena ser fotografado. Neste percurso, os olhares tornam-se mais atentos a detalhes até então não percebidos.

Desestabilizou por romper com um modelo tradicional de aula de Matemática. Além disso, o fato de trabalharem em colaboração representou para eles um desafio, pois as negociações eram necessárias e o consenso também. Rompeu-se, assim, com uma concepção de aula em que a verdade está nas mãos do professor. Os alunos passaram a ser protagonistas do material produzido para as aulas. Eles sabiam que suas fotos seriam valorizadas e socializadas na classe, o que constituía um valor para o seu trabalho.

Dessa forma, pudemos ir além da fotografia, pois ampliamos a nossa percepção tanto do cotidiano escolar quanto de fora dele. A Geometria, diante das lentes fotográficas, pôde ser vista sob outra perspectiva, por um novo foco, rompendo com o ensino tradicional dessa disciplina. A fotografia encorajou-nos a ensinar e a aprender Geometria.

Destacamos que a simples atividade de desenhar não dá conta de desenvolver nos alunos a capacidade de representar, e que, muitas vezes, o professor utiliza o desenho como único recurso didático. Destacamos que os objetos tridimensionais fotografados pelos alunos, ao serem disponibilizados para eles por meio da impressão, foram representados na forma bidimensional; no entanto, neste trabalho, isso não se tornou um dificultador para os alunos, pois eles tinham a imagem mental do objeto tridimensional propiciado por um trabalho amplo realizado no campo da geometria, com a visualização e manipulação dos objetos. Essa transformação do espaço para o plano foi produzida com significações.

Ao analisarmos as fotografias produzidas, percebemos que elas vão além da imagem, pois, de certa forma, os registros fotográficos realizados pelos alunos inserem certa ideia, certo movimento de elaboração conceitual e também certa subjetividade – o sentido que cada um atribui àquilo que é registrado conforme a tarefa proposta em sala de aula.

Nesse sentido, é importante considerar a proximidade da professora-pesquisadora com a fotografia, como subjetividade de seu cotidiano, no exercício da docência e também como objeto de pesquisa, ou seja, como pessoa, professora e pesquisadora.

A máquina fotográfica e, consequentemente, o ato fotográfico estabeleceram um fio condutor para os aspectos da visualização e da representação geométricas. Assim, o registro fotográfico tornou-se potencializador para o ensino de Geometria.

Consideramos, ainda, que o trabalho poderia ter ido além, com outras tarefas e tempo maior para o seu desenvolvimento. No entanto, a prática pedagógica sempre impõe limites ao professor que deseja introduzir inovações em sua sala de aula: necessidade de cumprir o currículo da rede; primeira experiência da professora-pesquisadora; mudança na rotina da escola, na perspectiva dos demais atores; intensificação do trabalho docente, exigindo da professora um tempo maior para a sua realização. Evidentemente, com a experiência vivenciada e as reflexões teóricas e metodológicas produzidas neste trabalho, podemos dizer que não é mais possível abrir mão dessa abordagem metodológica, e temos consciência de que é possível ir além do que fomos.

Queremos reiterar a importância, nesse cenário, da leitura e da escrita nas aulas de Matemática. Certamente, esse processo possibilitou que os alunos, ao escrever, pudessem colocar em jogo as suas hipóteses sobre o que pensavam.

Porém, é importante ter claro que o processo de escrita nas aulas de Matemática demanda esforço contínuo por parte do professor, pois é preciso adotar algumas atitudes pouco empregadas no ensino tradicional: dar uma devolutiva aos alunos, apontando seus progressos e suas lacunas.

Além disso, é necessário elaborar propostas matemáticas que possibilitem inserir nos gêneros textuais situações que envolvam o pensamento matemático, pois ao proporcionarmos aos alunos boas tarefas, a escrita permite-os tornarem-se mais confiantes e expressarem as suas aprendizagens.

As aulas de Geometria, quando pautadas em tarefas exploratórias e subsidiadas pela leitura e pela escrita em Matemática, propiciam que os alunos explicitem os seus saberes e que o professor avalie sua prática. O pensamento matemático é intensificado quando os alunos são estimulados a refletir sobre as suas experiências matemáticas – o que é possibilitado pela escrita. Dessa forma, não podemos deixar de utilizar essas importantes ferramentas: a leitura e a escrita nas aulas de Matemática e, no caso desse trabalho, o registro fotográfico.

Assim, a fotografia e o registro escrito pelos alunos trazem história, interpretação e subjetividade, que se traduzem em significações. Esse movimento revelou-nos como os alunos foram se apropriando dos conceitos geométricos. No entanto, algumas lacunas dos alunos no movimento de elaboração conceitual ainda permaneceram. Tal fato se deveu, muito provavelmente, ao tempo que cada um tem para aprender. Ah, o tempo escolar... ele escorre pelas mãos! É preciso cumprir o tempo didático e burocrático!

Outro ponto que também merece destaque centrou-se na oralidade – tanto no trabalho dos grupos quanto nas ações mediadas pela professora, especialmente pelas boas perguntas feitas para os alunos, as quais os estimularam a pensar matematicamente, a reelaborar suas ideias e a estabelecer conjecturas. Um ambiente questionador e problematizador constitui alunos questionadores e problematizadores.

Esse processo vivenciado pelos alunos possibilitou uma reflexão sobre o trabalho da professora. Ao revisitar as tarefas e considerar, especialmente, o que não deu certo, foi importante ter em conta a complexidade do ensino de Geometria decorrente do processo vivido pelos professores na formação inicial: alguns equívocos cometidos pela professora, nessa perspectiva reflexiva, tomaram outro sentido. Refletir sobre a prática possibilita novas formas de "ver", aprender e ensinar: como não há apenas uma metodologia para ensinar aos alunos, assim também ocorre na formação dos professores. Isso nos remete a buscar alternativas para atender aos objetivos dos professores, seja no aspecto da aprendizagem dos alunos, seja no da reflexão sobre a própria prática. Nesse sentido, a zona de risco talvez seja uma das melhores formas de expressar a essência da prática pedagógica.

Fotografamos, escrevemos e narramos um percurso constituído por certezas, incertezas, rupturas, limitações, silêncios, conhecimentos, distanciamentos e esquecimentos. Esse movimento conduziu-nos a um ambiente. Um ambiente com muitas vozes, muitas escritas e muitas imagens. Esse ambiente foi enriquecido por muitos diálogos – em especial, com o outro – e, sobretudo, pelo desejo de romper com o ensino de Matemática tradicional. Acreditamos que tenhamos (re)criado uma aula, que nos causou estranhamento, incomodou e inspirou o desejo de conhecimento.

O ambiente constituído propiciou-nos uma aula de Geometria *para todos*, ou seja, oportunizamos uma aula em que todos os alunos puderam escrever e comunicar as suas ideias, mesmo com as suas limitações. Esse ambiente conduziu-nos a um movimento quase contínuo de comunicação e de escrita. Os alunos tiveram um leitor e um *feedback* para seus escritos. Assim, os atores presentes nesse cenário transcenderam, juntos, o prazer de ensinar e de aprender. Nesse sentido, o ambiente foi permeado pelo envolvimento dos alunos, envoltos por uma pluralidade de vozes entrelaçadas por escritas de ideias singulares, porém consideradas em sua essência.

Mas, reportando-nos ao conhecimento, concebemos que ele tenha se inserido num movimento ordenado e desordenado, e que o ambiente da sala de aula tenha se tornado desafiador, provocante, contagiante e intrigante. Esse conhecimento, algumas vezes, não foi completo, mas tampouco foi desprovido de significado. Significado permeado pela razão e também pela emoção.

As imagens e as escritas vêm à tona, neste momento de finalização do texto, revelando o ambiente que vivemos e o caminho construído na pesquisa e na prática docente. São *flashes* que percorreram esse ambiente de sala de aula, numa intencionalidade constituída pelo rompimento com a concepção de corpos dóceis, pela oportunidade de escrever com prazer, de sonhar com a infância e de ir além da fronteira. Assim, a máquina fotográfica, um recurso tecnológico, revelou-se importante tanto para o ensino de Geometria quanto para a pesquisa acadêmica.

Ao final deste texto, gostaríamos de destacar que aqui fizemos uma interpretação possível do movimento vivenciado. Cada leitor fará a sua leitura, a sua fotografia e a sua interpretação.

Referências

ALRØ, Helle; SKOVSMOSE, Ole. *Diálogo e aprendizagem em Educação Matemática*. Tradução de Orlando Figueiredo. Belo Horizonte: Autêntica Editora, 2010. 158 p.

ANDRADE, José Antonio Araújo. *O ensino de Geometria: uma análise das atuais tendências, tomando como referência as publicações nos anais dos ENEMs*. 2004. 249 f. Dissertação (Mestrado em Educação) – Programa de Pós-Graduação *Stricto Sensu* em Educação, Universidade São Francisco, Itatiba/SP.

ANDRADE, Rosane de. *Fotografia e antropologia*: *olhares fora-dentro*. São Paulo: Estação Liberdade; Educ, 2002. 132 p.

BARBOSA, Kelly C.; NACARATO, Adair M.; PENHA, Paulo César. A escrita nas aulas de matemática revelando crenças e produção de significados pelos alunos. *Série-Estudos*: Ucdb, Campo Grande, n. 26, p. 79-95, jul./dez. 2008.

BORBA, Marcelo C.; SKOVSMOSE, Ole. A ideologia da certeza em Educação Matemática. In: SKOVSMOSE, O. *Educação Matemática crítica*: *a questão da democracia*. Campinas: Papirus, 2001. (Coleção Perspectivas em Educação Matemática – SBEM).

BORBA, Marcelo. C.; PENTEADO, M. G. Informática e Educação Matemática. Belo Horizonte: Autêntica Editora, 2001. 98 p.

CARVALHO, Carolina. Comunicações e interacções nas salas de matemática. In: NACARATO, A. M.; LOPES, C. E. (Org.). *Escritas e leituras na Educação Matemática*. Belo Horizonte: Autêntica, 2005. p. 15-34.

CLOT, Yves. Vygotski: para além da psicologia cognitiva. *Pro-Posições*: Faculdade de Educação, Universidade Estadual de Campinas, Campinas, v. 17, n. 2 (50), p. 19-30, maio/ago. 2006.

CURI, Edda. *A matemática e os professores dos anos iniciais*. São Paulo: Musa, 2005.

CURI, Edda. Gêneros textuais usados freqüentemente nas aulas de matemática: exercícios e problemas. In: LOPES, Celi E.; NACARATO, Adair M. *Educação Matemática, leitura e escrita: armadilhas, utopias e realidades*. Campinas: Mercado de Letras, 2009. p. 137-150.

DEL GRANDE, John J. Percepção especial e geometria primária. In: LINDIQUIST, Mary M.; SHULTE, A. P. (Org.). *Aprendendo e ensinando Geometria*. São Paulo: Atual, 1994. p. 156-167.

ESCOLANO, Agustín. Arquitetura como programa. Espaço-escola e currículo. In: VIÑAO FRAGO, Antonio e ESCOLANO, Agustín. *Currículo, espaço e subjetividade*. 2. ed. Rio de Janeiro: DP&A, 2001. p. 19-57.

EUCLIDES. *Os Elementos*. Tradução e introdução de Ireneu Bicudo. São Paulo: Editora UNESP, 2009.

FACCI, Marilda Gonçalves Dias. *Valorização ou esvaziamento do trabalho do professor?* Um estudo crítico-comparativo da teoria do professor reflexivo, do construtivismo e da psicologia vigotskiana. Campinas: Autores Associados, 2004. p. 195-250.

FONSECA, Maria da Conceição F. R., *et al*. *O ensino de Geometria na escola fundamental – três questões para a formação do professor dos ciclos iniciais*. Belo Horizonte: Autêntica Editora, 2001. 127 p.

GATTI, Bernadete A., BARRETO, Elba Siqueira de Sá. (Coord.). *Professores do Brasil: impasses e desafios*. Brasília: UNESCO, 2009.

GÓES, Maria Cecília Rafael; CRUZ, Maria Nazaré da. Sentido, significado e conceito: notas sobre as contribuições de Lev Vigotskty. *Pro-Posições*: Faculdade de Educação, Universidade Estadual de Campinas, Campinas, v. 17, n. 2 (50), p. 31-45, maio/ago. 2006.

HANNOUN, H. *El niño conquista el médio: las actividades exploradoras en la escuela primaria*. Buenos Aires: Kapelusz, 1977.

HIEBERT, James *et al*. *Making sense: teaching and learning mathematics with understanding*. USA: Heinemann, 1997.

KOSSOY, Boris. *Fotografia & história*. 2. ed. rev. São Paulo: Ateliê Editorial, 2001.

LARROSA, JORGE. *Pedagogia profana*: danças, piruetas e mascaradas. Porto Alegre: Contrabando, 1998.

LOPES, Celi Espasandin.; NACARATO, Adair Mendes (Org.). *Educação Matemática, leitura e escrita: armadilhas, utopias e realidades*. Campinas: Mercado de Letras, 2009.

MARQUESIN, Denise F. Bagne. *Práticas compartilhadas e a produção de narrativas sobre aulas de Geometria: o processo de desenvolvimento profissional de professores que ensinam matemática*. 2007. 242 f. Dissertação (Mestrado em

Educação) – Programa de Pós-Graduação *Stricto Sensu* em Educação, Universidade São Francisco, Itatiba/SP.

NACARATO, Adair Mendes. A Geometria no ensino fundamental: fundamentos e perspectivas de incorporação no currículo das séries iniciais. In: SISTO, Fermino Fernandes; DOBRANSZKY, Enid Abreu; MONTEIRO, Alexandrina (Org.). *Cotidiano escolar: questões de leitura, matemática e aprendizagem*. Petrópolis: Vozes; Bragança Paulista: USF, 2002. p. 84-99.

NACARATO, Adair M. *Educação continuada sob a perspectiva da pesquisa-ação: currículo em ação de um grupo de professoras ao aprender ensinando Geometria*. 2000. 323 f. Tese (Doutorado em Educação Matemática) – Faculdade de Educação/Unicamp, Campinas, SP.

NACARATO, Adair Mendes; GOMES, Adriana Aparecida Molina; GRANDO, Regina Célia. Grupo colaborativo em Geometria: uma trajetória... uma produção coletiva. In: NACARATO, Adair Mendes; GOMES, Adriana Aparecida Molina; GRANDO, Regina Célia (Org.). *Experiências com Geometria na escola básica: narrativas de professores em (trans)formação*. São Carlos: Pedro & João Editores, 2008. p. 11-46.

NACARATO, Adair Mendes; LOPES, Celi Espasandin. (Org.) *Escritas e leituras na Educação Matemática*. Belo Horizonte: Autêntica Editora, 2005.

NACARATO, Adair Mendes; LOPES, Celi Espasandin. Práticas de leitura e escrita em Educação Matemática: tendências e perspectivas a partir do Seminário de Educação Matemática no Cole. In: LOPES, Celi Espasandin; NACARATO, Adair M. (Org.) *Educação Matemática, leitura e escrita*: armadilhas, utopias e realidades. Campinas: Mercado de Letras, 2009. p. 25-46.

NACARATO, Adair Mendes; MENGALI, Brenda Leme da Silva; PASSOS, Cármen L.Brancaglion. *A matemática nos anos iniciais do ensino fundamental: tecendo fios do ensinar e do aprender*. Belo Horizonte: Autêntica Editora, 2009. (Coleção Tendências em Educação Matemática).

NACARATO, Adair Mendes; PASSOS, Cármen Lúcia Brancaglion. *A Geometria nas séries iniciais: uma análise sob a perspectiva da prática pedagógica e da formação de professores*. São Carlos: Edufscar, 2003.

NACARATO, Adair Mendes; LOPES, Celi Espasandin (Org.). *Indagações, reflexões e prática em leituras e escritas na Educação Matemática*. Campinas: Mercado de Letras, 2013.

OLIVEIRA, Marta Kohl. O pensamento de Vygotsky como fonte de reflexão sobre a educação. *Cadernos CEDES*, Campinas, n. 35, p. 9-14, 1995.

OLIVEIRA, Marta Kohl. Vygotsky e o processo de formação de conceitos. In: LA TAILLE, Yves de; OLIVEIRA, Marta Kohl de; DANTAS, Heloysa. *Piaget, Vygotsky, Wallon: teorias psicogenéticas em discussão*. São Paulo: Summus, 1992. p. 23-34.

PAIS, Luiz Carlos. Intuição, experiência e teoria geométrica. *Zetetiké*: Cempem / FE/ Unicamp, Campinas, SP, v. 4, n. 6, p. 65-74, jul./dez. 1996.

PAIS, Luiz Carlos. Uma análise do significado da utilização de recursos didáticos no ensino de Geometria. In: REUNIÃO DA ANPED, 23., 24 a 28 de setembro de 2000, Caxambu, MG. Disponível em: <www.anped.org.br/23 textos/1919t.pdf>. Acesso em: jun. 2009.

PASSOS, Cármen Lúcia Brancaglion. Processos de leitura e de escrita nas aulas de matemática revelados pelos diários reflexivos e relatórios de futuros professores. In: LOPES, Celi Espasandin; NACARATO, Adair Mendes. *Educação Matemática, leitura e escrita: armadilhas, utopias e realidades*. Campinas: Mercado de Letras, 2009. p. 111-136.

PASSOS, Cármen Lúcia Brancaglion. *Representações, interpretações e prática pedagógica: a Geometria na sala de aula*. 2000. 348 f. Tese (Doutorado) – Faculdade de Educação/Unicamp, Universidade Estadual de Campinas, Campinas/SP.

PAVANELLO, Regina Maria. O abandono do ensino da Geometria no Brasil: causas e conseqüências. *Zetetiké*: Cempem / FE/ Unicamp, Campinas, SP, ano 1, n. 1, p. 7-17, 1993.

PAVANELLO, Regina Maria.A Geometria nas séries iniciais do ensino fundamental: contribuições da pesquisa para o trabalho escolar. In: PAVANELLO, Regina Maria (org.). *Matemática nas séries iniciais do ensino fundamental: a pesquisa e a sala de aula*. São Paulo: SBEM, 2004, p. 129-143 (Coleção SBEM).

PIRES, Célia Maria Carolino; CURI, Edda; CAMPOS, Tânia Maria Mendonça (Org.). *Espaço e forma: a construção de noções geométricas pelas crianças das quatro séries iniciais do ensino fundamental*. São Paulo: PROEM, 2000.

PONTE, João Pedro *et al*. *Didáctica: ensino secundário*. Lisboa: Ministério da Educação. Departamento do Ensino Secundário, 1997.

POWELL, Arthur; BAIRRAL, Marcelo. *A escrita e o pensamento matemático: interações e potencialidades*. Campinas: Papirus, 2006. (Coleção Perspectivas em Educação Matemática.).

SANTOS, Cleane Aparecida. *Fotografar, escrever e narrar: a elaboração conceitual em Geometria por alunos do quinto ano do ensino fundamental*. 2011. 185 f. Dissertação (Mestrado em Educação) – Universidade São Francisco, Itatiba/SP.

SKOVSMOSE, Ole. *Desafios da reflexão em Educação Matemática crítica*. Campinas: Papirus, 2008. 138 p.

SOARES, Cheila Daniela; TORICELLI, Luana; ANDRADE, José Antonio de Araújo. Polígonos: uma relação entre arte e matemática. In: NACARATO, Adair Mendes; GOMES, Adriana Aparecida Molina; GRANDO, Regina Célia (Org.). *Experiências com geometria na escola básica: narrativas de professores em (trans) formação*. São Carlos: Pedro & João Editores, 2008. p. 47-66.

USISKIN, Zalman. Resolvendo os dilemas permanentes da geometria escolar. In: LINDIQUIST, Mary M.; SHULTE, A. P. (Org.). *Aprendendo e ensinando Geometria*. São Paulo: Atual, 1994. p. 21-39.

VAN DE WALLE, John A. *Matemática no ensino fundamental*: formação de professores e aplicação em sala de aula. Tradução de Paulo Henrique Colonese. 6. ed. Porto Alegre: Artmed, 2009.

VELOSO, Eduardo. Ensino da Geometria: ideias para um futuro melhor. In: VELOSO, Eduardo (Org.). *Ensino da Geometria no virar do milênio*. Lisboa: Grafis, 1999. p. 17-32.

ZALESKI FILHO, Dirceu. *Matemática e Arte*. Belo Horizonte: Autêntica Editora, 2013. 179 p. (Coleção Tendências em Educação Matemática)

Outros títulos da coleção

Tendências em Educação Matemática

Afeto em competições matemáticas inclusivas – A relação dos jovens e suas famílias com a resolução de problemas

Autoras: *Nélia Amado,Susana Carreira e Rosa Tomás Ferreira*

As dimensões afetivas constituem variáveis cada vez mais decisivas para alterar e tentar abolir a imagem fria, pouco entusiasmante e mesmo intimidante da Matemática aos olhos de muitos jovens e adultos. Sabe-se atualmente, de forma cabal, que os afetos (emoções, sentimentos, atitudes, percepções…) desempenham um papel central na aprendizagem da Matemática, designadamente na atividade de resolução de problemas. Na sequência do seu envolvimento em competições matemáticas inclusivas baseadas na internet, Nélia Amado, Susana Carreira e Rosa Tomás Ferreira debruçam-se sobre inúmeros dados e testemunhos que foram reunindo, através de questionários, entrevistas e conversas informais com alunos e pais, para caracterizar as dimensões afetivas presentes na participação de jovens alunos (dos 10 aos 14 anos) nos campeonatos de resolução de problemas SUB12 e SUB14. Neste livro, o leitor é convidado a percorrer várias das dimensões afetivas envolvidas na resolução de problemas desafiantes. A compreensão dessas dimensões ajudará a melhorar a relação das crianças e dos adultos com a Matemática e a formular uma imagem da Matemática mais humanizada, desafiante e emotiva.

Brincar e jogar – Enlaces teóricos e metodológicos no campo da Educação Matemática

Autor: *Cristiano Alberto Muniz*

Neste livro, o autor apresenta a complexa relação jogo/ brincadeira e a aprendizagem matemática. Além de discutir as diferentes perspectivas da relação jogo e Educação Matemática, ele favorece uma reflexão do quanto o conceito de Matemática implica a produção da concepção de jogos para a aprendizagem, assim como o delineamento conceitual do jogo nos propicia visualizar novas possibilidades de utilização dos jogos na Educação Matemática. Entrelaçando diferentes perspectivas teóricas e metodológicas sobre o jogo, ele apresenta análises sobre produções matemáticas realizadas por crianças em processo de escolarização em jogos ditos espontâneos, fazendo um contraponto às expectativas do educador em relação às suas potencialidades para a aprendizagem matemática. Ao trazer reflexões teóricas sobre o jogo na Educação Matemática e revelar o jogo efetivo das crianças em processo de produção matemática, a obra tanto apresenta subsídios para o desenvolvimento da investigação científica quanto para a práxis pedagógica por meio do jogo na sala de aula de Matemática.

Descobrindo a Geometria Fractal – Para a sala de aula
Autor: *Ruy Madsen Barbosa*

Neste livro, Ruy Madsen Barbosa apresenta um estudo dos belos fractais voltado para seu uso em sala de aula, buscando a sua introdução na Educação Matemática brasileira, fazendo bastante apelo ao visual artístico, sem prejuízo da precisão e rigor matemático. Para alcançar esse objetivo, o autor incluiu capítulos específicos, como os de criação e de exploração de fractais, de manipulação de material concreto, de relacionamento com o triângulo de Pascal, e particularmente um com recursos computacionais com *softwares* educacionais em uso no Brasil. A inserção de dados e comentários históricos tornam o texto de interessante leitura. Anexo ao livro é fornecido o CD-Nfract, de Francesco Artur Perrotti, para construção dos lindos fractais de Mandelbrot e Julia.

Educação a Distância online
Autores: *Marcelo de Carvalho Borba, Ana Paula dos Santos Malheiros e Rúbia Barcelos Amaral*

Neste livro, os autores apresentam resultados de mais de oito anos de experiência e pesquisas em Educação a Distância online (EaDonline), com exemplos de cursos ministrados para professores de Matemática. Além de cursos, outras práticas pedagógicas, como comunidades virtuais de aprendizagem e o desenvolvimento de projetos de modelagem realizados a distância, são descritas. Ainda que os três autores deste livro sejam da área de Educação Matemática, algumas das discussões nele apresentadas, como formação de professores, o papel docente em EaDonline, além de questões de metodologia de pesquisa qualitativa, podem ser adaptadas a outras áreas do conhecimento. Neste sentido, esta obra se dirige àquele que ainda não está familiarizado com a EaDonline e também àquele que busca refletir de forma mais intensa sobre sua prática nesta modalidade educacional. Cabe destacar que os três autores têm ministrado aulas em ambientes virtuais de aprendizagem.

Lógica e linguagem cotidiana – Verdade, coerência, comunicação, argumentação

Autores: *Nílson José Machado e Marisa Ortegoza da Cunha*

Neste livro, os autores buscam ligar as experiências vividas em nosso cotidiano a noções fundamentais tanto para a Lógica como para a Matemática. Através de uma linguagem acessível, o livro possui uma forte base filosófica que sustenta a apresentação sobre Lógica e certamente ajudará a coleção a ir além dos muros do que hoje é denominado Educação Matemática. A bibliografia comentada permitirá que o leitor procure outras obras para aprofundar os temas de seu interesse, e um índice remissivo, no final do livro, permitirá que o leitor ache facilmente explicações sobre vocábulos como contradição, dilema, falácia, proposição e sofisma. Embora este livro seja recomendado a estudantes de cursos de graduação e de especialização, em todas as áreas, ele também se destina a um público mais amplo. Visite também o site: <www.rc.unesp.br/igce/pgem/gpimem.html>.

A matemática nos anos iniciais do ensino fundamental – Tecendo fios do ensinar e do aprender

Autoras: *Adair Mendes Nacarato, Brenda Leme da Silva Mengali e Cármen Lúcia Brancaglion Passos*

Neste livro, as autoras discutem o ensino de Matemática nas séries iniciais do ensino fundamental num movimento entre o aprender e o ensinar. Consideram que essa discussão não pode ser dissociada de uma mais ampla, que diz respeito à formação das professoras polivalentes – aquelas que têm uma formação mais generalista em cursos de nível médio (Habilitação ao Magistério) ou em cursos superiores (Normal Superior e Pedagogia). Nesse sentido, elas analisam como têm sido as reformas curriculares desses cursos e apresentam perspectivas para formadores e pesquisadores no campo da formação docente. O foco central da obra está nas situações matemáticas desenvolvidas em salas de aula dos anos iniciais. A partir dessas situações, as autoras discutem suas concepções sobre o ensino de Matemática a alunos dessa escolaridade, o ambiente de aprendizagem a ser criado em sala de aula, as interações que ocorrem nesse ambiente e a relação dialógica entre alunos-alunos e professora-alunos que possibilita a produção e a negociação de significado.

Álgebra para a formação do professor – Explorando os conceitos de equação e de função

Autores: *Alessandro Jacques Ribeiro e Helena Noronha Cury*

Neste livro, Alessandro Jacques Ribeiro e Helena Noronha Cury apresentam uma visão geral sobre os conceitos de equação e de função, explorando o tópico com vistas à formação do professor de Matemática. Os autores trazem aspectos históricos da constituição desses conceitos ao longo da História da Matemática e discutem os diferentes significados que até hoje perpassam as produções sobre esses tópicos. Com vistas à formação inicial ou continuada de professores de Matemática, Alessandro e Helena enfocam, ainda, alguns documentos oficiais que abordam o ensino de equações e de funções, bem como exemplos de problemas encontrados em livros didáticos. Também apresentam sugestões de atividades para a sala de aula de Matemática, abordando os conceitos de equação e de função, com o propósito de oferecer aos colegas, professores de Matemática de qualquer nível de ensino, possibilidades de refletir sobre os pressupostos teóricos que embasam o texto e produzir novas ações que contribuam para uma melhor compreensão desses conceitos, fundamentais para toda a aprendizagem matemática.

Análise de erros – O que podemos aprender com as respostas dos alunos
Autora: *Helena Noronha Cury*

Neste livro, Helena Noronha Cury apresenta uma visão geral sobre a análise de erros, fazendo um retrospecto das primeiras pesquisas na área e indicando teóricos que subsidiam investigações sobre erros. A autora defende a ideia de que a análise de erros é uma abordagem de pesquisa e também uma metodologia de ensino, se for empregada em sala de aula com o objetivo de levar os alunos a questionarem suas próprias soluções. O levantamento de trabalhos sobre erros desenvolvidos no país e no exterior, apresentado na obra, poderá ser usado pelos leitores segundo seus interesses de pesquisa ou ensino. A autora apresenta sugestões de uso dos erros em sala de aula, discutindo exemplos já trabalhados por outros investigadores. Nas conclusões, a pesquisadora sugere que discussões sobre os erros dos alunos venham a ser contempladas em disciplinas de cursos de formação de professores, já que podem gerar reflexões sobre o próprio processo de aprendizagem.

Da etnomatemática a arte-design e matrizes cíclicas
Autor: *Paulus Gerdes*

Neste livro, o leitor encontra uma cuidadosa discussão e diversos exemplos de como a Matemática se relaciona com outras atividades humanas. Para o leitor que ainda não conhece o trabalho de Paulus Gerdes, esta publicação sintetiza uma parte considerável da obra desenvolvida pelo autor ao longo dos últimos 30 anos. E para quem já conhece as pesquisas de Paulus, aqui são abordados novos tópicos, em especial as matrizes cíclicas, ideia que supera não só a noção de que a Matemática é independente de contexto e deve ser pensada como o símbolo da pureza, mas também quebra, dentro da própria Matemática, barreiras entre áreas que muitas vezes são vistas de modo estanque em disciplinas da graduação em Matemática ou do ensino médio.

Diálogo e aprendizagem em Educação Matemática

Autores: *Helle Alrø e Ole Skovsmose*

Neste livro, os educadores matemáticos dinamarqueses Helle Alrø e Ole Skovsmose relacionam a qualidade do diálogo em sala de aula com a aprendizagem. Apoiados em ideias de Paulo Freire, Carl Rogers e da Educação Matemática Crítica, esses autores trazem exemplos da sala de aula para substanciar os modelos que propõem acerca das diferentes formas de comunicação na sala de aula. Este livro é mais um passo em direção à internacionalização desta coleção. Este é o terceiro título da coleção no qual autores de destaque do exterior juntam-se aos autores nacionais para debaterem as diversas tendências em Educação Matemática. Skovsmose participa ativamente da comunidade brasileira, ministrando disciplinas, participando de conferências e interagindo com estudantes e docentes do Programa de Pós-Graduação em Educação Matemática da Unesp, em Rio Claro.

Didática da Matemática – Uma análise da influência francesa

Autor: *Luiz Carlos Pais*

Neste livro, Luiz Carlos Pais apresenta aos leitores conceitos fundamentais de uma tendência que ficou conhecida como "Didática Francesa". Educadores matemáticos franceses, na sua maioria, desenvolveram um modo próprio de ver a educação centrada na questão do ensino da Matemática. Vários educadores matemáticos do Brasil adotaram alguma versão dessa tendência ao trabalharem com concepções dos alunos, com formação de professores, entre outros temas. O autor é um dos maiores especialistas no país nessa tendência, e o leitor verá isso ao se familiarizar com conceitos como transposição didática, contrato didático, obstáculos epistemológicos e engenharia didática, dentre outros.

Educação Estatística – Teoria e prática em ambientes de modelagem matemática

Autores: *Celso Ribeiro Campos, Maria Lúcia Lorenzetti Wodewotzki e Otávio Roberto Jacobini*

Este livro traz ao leitor um estudo minucioso sobre a Educação Estatística e oferece elementos fundamentais para o ensino e a aprendizagem em sala de aula dessa disciplina, que vem se difundindo e já integra a grade curricular dos ensinos fundamental e médio. Os autores apresentam aqui o que apontam as pesquisas desse campo, além de fomentarem discussões acerca das teorias e práticas em interface com a modelagem matemática e a educação crítica.

Educação Matemática de Jovens e Adultos – Especificidades, desafios e contribuições
Autora: *Maria da Conceição F. R. Fonseca*

Neste livro, Maria da Conceição F. R. Fonseca apresenta ao leitor uma visão do que é a Educação de Adultos e de que forma essa se entrelaça com a Educação Matemática. A autora traz para o leitor reflexões atuais feitas por ela e por outros educadores que são referência na área de Educação de Jovens e Adultos no país. Este quinto volume da coleção Tendências em Educação Matemática certamente irá impulsionar a pesquisa e a reflexão sobre o tema, fundamental para a compreensão da questão do ponto de vista social e político.

Etnomatemática – Elo entre as tradições e a modernidade
Autor: *Ubiratan D'Ambrosio*

Neste livro, Ubiratan D'Ambrosio apresenta seus mais recentes pensamentos sobre Etnomatemática, uma tendência da qual é um dos fundadores. Ele propicia ao leitor uma análise do papel da Matemática na cultura ocidental e da noção de que Matemática é apenas uma forma de Etnomatemática. O autor discute como a análise desenvolvida é relevante para a sala de aula. Faz ainda um arrazoado de diversos trabalhos na área já desenvolvidos no país e no exterior.

Etnomatemática em movimento
Autoras: *Gelsa Knijnik, Fernanda Wanderer, Ieda Maria Giongo e Claudia Glavam Duarte*

Integrante da coleção Tendências em Educação Matemática, este livro traz ao público um minucioso estudo sobre os rumos da Etnomatemática, cuja referência principal é o brasileiro Ubiratan D'Ambrosio. As ideias aqui discutidas tomam como base o desenvolvimento dos estudos etnomatemáticos e a forma como o movimento de continuidades e deslocamentos tem marcado esses trabalhos, centralmente ocupados em questionar a política do conhecimento dominante. As autoras refletem aqui sobre as discussões atuais em torno das pesquisas etnomatemáticas e o percurso tomado sobre essa vertente da Educação Matemática, desde seu surgimento, nos anos 1970, até os dias atuais.

Fases das tecnologias digitais em Educação Matemática – Sala de aula e internet em movimento
Autores: *Marcelo de Carvalho Borba, Ricardo Scucuglia Rodrigues da Silva e George Gadanidis*

Com base em suas experiências enquanto docentes e pesquisadores, associadas a uma análise acerca das principais pesquisas desenvolvidas no

Brasil sobre o uso de tecnologias digitais no ensino e aprendizagem de Matemática, os autores apresentam uma perspectiva fundamentada em quatro fases. Inicialmente, os leitores encontram uma descrição sobre cada uma dessas fases, o que inclui a apresentação de visões teóricas e exemplos de atividades matemáticas características em cada momento. Baseados na "perspectiva das quatro fases", os autores discutem questões sobre o atual momento (quarta fase). Especificamente, eles exploram o uso do software GeoGebra no estudo do conceito de derivada, a utilização da internet em sala de aula e a noção denominada performance matemática digital, que envolve as artes.

Este livro, além de sintetizar de forma retrospectiva e original uma visão sobre o uso de tecnologias em Educação Matemática, resgata e compila de maneira exemplificada questões teóricas e propostas de atividades, apontando assim inquietações importantes sobre o presente e o futuro da sala de aula de Matemática. Portanto, esta obra traz assuntos potencialmente interessantes para professores e pesquisadores que atuam na Educação Matemática.

Filosofia da Educação Matemática

Autores: *Maria Aparecida Viggiani Bicudo e Antonio Vicente Marafioti Garnica*

Neste livro, Maria Bicudo e Antonio Vicente Garnica apresentam ao leitor suas ideias sobre Filosofia da Educação Matemática. Eles propiciam ao leitor a oportunidade de refletir sobre questões relativas à Filosofia da Matemática, à Filosofia da Educação e mostram as novas perguntas que definem essa tendência em Educação Matemática. Neste livro, em vez de ver a Educação Matemática sob a ótica da Psicologia ou da própria Matemática, os autores a veem sob a ótica da Filosofia da Educação Matemática.

Formação matemática do professor – Licenciatura e prática docente escolar

Autores: *Plinio Cavalcante Moreira e Maria Manuela M. S. David*

Neste livro, os autores levantam questões fundamentais para a formação do professor de Matemática. Que Matemática deve o professor de Matemática estudar? A acadêmica ou aquela que é ensinada na escola? A partir de perguntas como essas, os autores questionam essas opções dicotômicas e apontam um terceiro caminho a ser seguido. O livro apresenta diversos exemplos do modo como os conjuntos numéricos são trabalhados na escola e na academia. Finalmente, cabe lembrar que esta publicação inova ao integrar o livro com a internet. No site da editora www.autenticaeditora.com.br, procure por Educação Matemática e pelo título "A formação matemática do professor: licenciatura e prática docente escolar", onde o leitor pode encontrar alguns textos complementares ao livro e apresentar seus comentários, críticas e sugestões, estabelecendo, assim, um diálogo online com os autores.

História na Educação Matemática – Propostas e desafios
Autores: *Antonio Miguel e Maria Ângela Miorim*

Neste livro, os autores discutem diversos temas que interessam ao educador matemático. Eles abordam História da Matemática, História da Educação Matemática e como essas duas regiões de inquérito podem se relacionar com a Educação Matemática. O leitor irá notar que eles também apresentam uma visão sobre o que é História e abordam esse difícil tema de uma forma acessível ao leitor interessado no assunto. Este décimo volume da coleção certamente transformará a visão do leitor sobre o uso de História na Educação Matemática.

Informática e Educação Matemática
Autores: *Marcelo de Carvalho Borba e Miriam Godoy Penteado*

Os autores tratam de maneira inovadora e consciente da presença da informática na sala de aula quando do ensino de Matemática. Sem prender-se a clichês que entusiasmadamente apoiam o uso de computadores para o ensino de Matemática ou criticamente negam qualquer uso desse tipo, os autores citam exemplos práticos, fundamentados em explicações teóricas objetivas, de como se pode relacionar Matemática e informática em sala de aula. Tratam também de questões políticas relacionadas à adoção de computadores e calculadoras gráficas para o ensino de Matemática.

Interdisciplinaridade e aprendizagem da Matemática em sala de aula
Autores: *Vanessa Sena Tomaz e Maria Manuela M. S. David*

Como lidar com a interdisciplinaridade no ensino da Matemática? De que forma o professor pode criar um ambiente favorável que o ajude a perceber o que e como seus alunos aprendem? Essas são algumas das questões elucidadas pelas autoras neste livro, voltado não só para os envolvidos com Educação Matemática como também para os que se interessam por educação em geral. Isso porque um dos benefícios deste trabalho é a compreensão de que a Matemática está sendo chamada a engajar-se na crescente preocupação com a formação integral do aluno como cidadão, o que chama a atenção para a necessidade de tratar o ensino da disciplina levando-se em conta a complexidade do contexto social e a riqueza da visão interdisciplinar na relação entre ensino e aprendizagem, sem deixar de lado os desafios e as dificuldades dessa prática.

Para enriquecer a leitura, as autoras apresentam algumas situações ocorridas em sala de aula que mostram diferentes abordagens interdisciplinares dos conteúdos escolares e oferecem elementos para que os professores e os formadores de professores criem formas cada vez mais produtivas de se ensinar e inserir a compreensão matemática na vida do aluno.

Investigações matemáticas na sala de aula
Autores: *João Pedro da Ponte, Joana Brocardo e Hélia Oliveira*

Neste livro, os autores – todos portugueses – analisam como práticas de investigação desenvolvidas por matemáticos podem ser trazidas para a sala de aula. Eles mostram resultados de pesquisas ilustrando as vantagens e dificuldades de se trabalhar com tal perspectiva em Educação Matemática. Geração de conjecturas, reflexão e formalização do conhecimento são aspectos discutidos pelos autores ao analisarem os papéis de alunos e professores em sala de aula quando lidam com problemas em áreas como geometria, estatística e aritmética.

Matemática e arte
Autor: *Dirceu Zaleski Filho*

Neste livro, Dirceu Zaleski Filho propõe reaproximar a Matemática e a arte no ensino. A partir de um estudo sobre a importância da relação entre essas áreas, o autor elabora aqui uma análise da contemporaneidade e oferece ao leitor uma revisão integrada da História da Matemática e da História da Arte, revelando o quão benéfica sua conciliação pode ser para o ensino. O autor sugere aqui novos caminhos para a Educação Matemática, mostrando como a Segunda Revolução Industrial – a eletroeletrônica, no século XXI – e a arte de Paul Cézanne, Pablo Picasso e, em especial, Piet Mondrian contribuíram para essa reaproximação, e como elas podem ser importantes para o ensino de Matemática em sala de aula.
Matemática e Arte é um livro imprescindível a todos os professores, alunos de graduação e de pós-graduação e, fundamentalmente, para professores da Educação Matemática.

Modelagem em Educação Matemática
Autores: *João Frederico da Costa de Azevedo Meyer, Ademir Donizeti Caldeira e Ana Paula dos Santos Malheiros*

A partir de pesquisas e da experiência adquirida em sala de aula, os autores deste livro oferecem aos leitores reflexões sobre aspectos da Modelagem e suas relações com a Educação Matemática. Esta obra mostra como essa disciplina pode funcionar como uma estratégia na qual o aluno ocupa lugar central na escolha de seu currículo.
Os autores também apresentam aqui a trajetória histórica da Modelagem e provocam discussões sobre suas relações, possibilidades e perspectivas em sala de aula, sobre diversos paradigmas educacionais e sobre a formação de professores. Para eles, a Modelagem deve ser datada, dinâmica, dialógica e diversa. A presente obra oferece um minucioso estudo sobre as bases teóricas e práticas da Modelagem e, sobretudo, a aproxima dos professores e alunos de Matemática.

O uso da calculadora nos anos iniciais do ensino fundamental
Autoras: *Ana Coelho Vieira Selva e Rute Elizabete de Souza Borba*

Neste livro, Ana Selva e Rute Borba abordam o uso da calculadora em sala de aula, desmistificando preconceitos e demonstrando a grande contribuição dessa ferramenta para o processo de aprendizagem da Matemática. As autoras apresentam pesquisas, analisam propostas de uso da calculadora em livros didáticos e descrevem experiências inovadoras em sala de aula em que a calculadora possibilitou avanços nos conhecimentos matemáticos dos estudantes dos anos iniciais do ensino fundamental. Trazem também diversas sugestões de uso da calculadora na sala de aula que podem contribuir para um novo olhar, por parte dos professores, para o uso dessa ferramenta no cotidiano da escola.

Pesquisa em ensino e sala de aula – Diferentes vozes em uma investigação
Autores: *Marcelo de Carvalho Borba, Helber Rangel Formiga Leite de Almeida e Telma Aparecida de Souza Gracias*

Pesquisa em ensino e sala de aula: diferentes vozes em uma investigação não se trata apenas de uma obra sobre metodologia de pesquisa: neste livro, os autores abordam diversos aspectos da pesquisa em ensino e suas relações com a sala de aula. Motivados por uma pergunta provocadora, eles apontam que as pesquisas em ensino são instigadas pela vivência dos professores em suas salas de aulas, e esse "cotidiano" dispara inquietações acerca de sua atuação, de sua formação, entre outras. Ainda, os autores lançam mão da metáfora das "vozes" para indicar que o pesquisador, seja iniciante ou mesmo experiente, não está sozinho em uma pesquisa, ele "escuta" a literatura e os referenciais teóricos e os entrelaça com a metodologia e os dados produzidos.

Pesquisa Qualitativa em Educação Matemática
Organizadores: *Marcelo de Carvalho Borba e Jussara de Loiola Araújo*

Os autores apresentam, neste livro, algumas das principais tendências no que tem sido denominado "Pesquisa Qualitativa em Educação Matemática". Essa visão de pesquisa está baseada na ideia de que há sempre um aspecto subjetivo no conhecimento produzido. Não há, nessa visão, neutralidade no conhecimento que se constrói. Os quatro capítulos explicam quatro linhas de pesquisa em Educação Matemática, na vertente qualitativa, que são representativas do que de importante vem sendo feito no Brasil. São capítulos que revelam a originalidade de seus autores na criação de novas direções de pesquisa.

Psicologia na Educação Matemática
Autor: *Jorge Tarcísio da Rocha Falcão*

Neste livro, o autor apresenta ao leitor a Psicologia da Educação Matemática, embasando sua visão em duas partes. Na primeira, ele discute temas como psicologia do desenvolvimento e psicologia escolar e da aprendizagem, mostrando como um novo domínio emerge dentro dessas áreas mais tradicionais. Em segundo lugar, são apresentados resultados de pesquisa, fazendo a conexão com a prática daqueles que militam na sala de aula. O autor defende a especificidade deste novo domínio, na medida em que é relevante considerar o objeto da aprendizagem, e sugere que a leitura deste livro seja complementada por outros desta coleção, como Didática da Matemática: sua influência francesa, Informática e Educação Matemática e Filosofia da Educação Matemática.

Relações de gênero, Educação Matemática e discurso – Enunciados sobre mulheres, homens e matemática
Autoras: *Maria Celeste Reis Fernandes de Souza e Maria da Conceição F. R. Fonseca*

Neste livro, as autoras nos convidam a refletir sobre o modo como as relações de gênero permeiam as práticas educativas, em particular as que se constituem no âmbito da Educação Matemática. Destacando o caráter discursivo dessas relações, a obra entrelaça os conceitos de gênero, discurso e numeramento para discutir enunciados envolvendo mulheres, homens e Matemática. As autoras elegeram quatro enunciados que circulam recorrentemente em diversas práticas sociais: "Homem é melhor em Matemática (do que mulher)"; "Mulher cuida melhor... mas precisa ser cuidada"; "O que é escrito vale mais" e "Mulher também tem direitos". A análise que elas propõem aqui mostra como os discursos sobre relações de gênero e matemática repercutem e produzem desigualdades, impregnando um amplo espectro de experiências que abrange aspectos afetivos e laborais da vida doméstica, relações de trabalho e modos de produção, produtos e estratégias da mídia, instâncias e preceitos legais e o cotidiano escolar.

Tendências internacionais em formação de professores de Matemática
Organizador: *Marcelo de Carvalho Borba*

Neste livro, alguns dos mais importantes pesquisadores em Educação Matemática, que trabalham em países como África do Sul, Estados Unidos, Israel, Dinamarca e diversas Ilhas do Pacífico, nos trazem resultados dos trabalhos desenvolvidos. Esses resultados e os dilemas apresentados por esses autores de renome internacional são complementados pelos comentários que Marcelo C. Borba faz na apresentação, buscando relacionar as experiências deles com aquelas vividas por nós no Brasil. Borba aproveita também para propor alguns problemas em aberto, que não foram tratados por eles, além de destacar um exemplo de investigação sobre a formação de professores de Matemática que foi desenvolvida no Brasil.

Este livro foi composto com tipografia Minion Pro e impresso

em papel Off-White 70 g/m² na Formato Artes Gráficas.